H. SCARTEZZINI, V. BOSSI FEDRIGOTTI,
W. ECCLI, I. PERLI, G. GATTI, J. LAIMER,
M. ZAGO, B. BORZAGA, R. PLONER

# DIE EDELKASTANIE:

## *Herkunft, Verarbeitung und Bedeutung in Südtirol*

effekt! BUCH

SÜDTIROLER
EDELKASTANIE
MARRONE
DEL SUDTIROLO


Europäischer Landwirtschaftsfonds für die Entwicklung des ländlichen Raums
Fondo Europeo Agricolo per lo Sviluppo Rurale

Autonome Provinz Bozen - Südtirol
Provincia Autonoma di Bolzano - Alto Adige

Republik Italien
Repubblica Italiana

EU – Verordnung Nr. 1305/2013

LEADER

Regolamento (UE) n. 1305/2013

Hier investiert Europa in die ländlichen Gebiete
L'Europa investe nelle zone rurali

grw SARNTAL
GENOSSENSCHAFT FÜR REGIONALENTWICKLUNG UND WEITERBILDUNG
www.grw.sarntal.com


**Edelkastanie: Herkunft, Verarbeitung, Bedeutung**


H. Scartezzini, V. Bossi Fedrigotti, W. Eccli, I. Perli, G. Gatti, J. Laimer, M. Zago, B. Borzaga, R. Ploner



ISBN: 979-12-5532-023-4

Konzepte und Texte: H. Scartezzini, V. Bossi Fedrigotti, W. Eccli, I. Perli, G. Gatti, J. Laimer, M. Zago, B. Borzaga, R. Ploner

Bilder: IDM, Shutterstock, Archiv Versuchszentrum Laimburg, HGV, Archiv Johann Laimer, Archiv Roman Guadagnini

Illustrationen: Eva Plattner, Rainer Ploner, Shutterstock, Archiv Helmuth Scartezzini

Lektorat: Katharina Brenner

Herstellung: Effekt! Neumarkt

Herausgeber: GRW Sarntal

# Zur Edelkastanie

## und ihrer Bedeutung

„Durch die Forschung und der sich stets weiterentwickelnden technischen Möglichkeiten ergeben sich immer wieder neue Wege für eine gute Zukunft unserer Südtiroler Edelkastanie.

***Martin Mayr***
*Kastanienverein Eisacktal*"

„Die Edelkastanie erfreut sich zunehmender Beliebtheit in ganz Südtirol. Sie ist ein regionales Produkt und passt hervorragend zu bewusster und gesunder Ernährung.

***Andreas Lamprecht***
*Kastanienverein Jenesien*"

„Als Kulturgut wird die Edelkastanie von der Südtiroler Bevölkerung hoch geschätzt: als landschaftsprägendes Element, als Sauerstoffproduzent, als naturnahe Ruheinseln, als naturbelassene und regionale Frucht, als unbedingte Zutat zum „Törggelemenü“, im Krapfen oder geröstet.

***Max Gögele***
*Kastanienverein Vinschgau*"

„In den letzten Jahren habe ich bemerkt, dass das Interesse für die Edelkastanien in ganz Südtirol, aber auch besonders in Salurn und Umgebung, immer größer wird.

***Lino Schmid***
*Kastaniengruppe Salurn*"

„Das Törggelen zählt, wenn es noch echt und bodenständig betrieben wird, zu den schönsten Erlebnissen, die Südtirol zu bieten hat.

***Johann Laimer***
*Kastanienverein Kestnriggl, Burggrafenamt*"

# Die Edelkastanie:

## Herkunft, Verarbeitung und Bedeutung in Südtirol

# Herkunft und Verbreitung

## der Edelkastanie

**HELMUTH SCARTEZZINI**, *Jahrgang 1948, studierte Pflanzenbau an der Hochschule für Bodenkultur in Wien. Die berufliche Laufbahn seit 1976 in der Abteilung Landwirtschaft der Landesverwaltung mit einer fast 30-jährigen Leitung des Amtes für Obst- und Weinbau gab die Gelegenheit, die Kultur der Edelkastanie mit neuen Initiativen seit den 80er-Jahren zu beleben.*

### HERKUNFT UND VERBREITUNG IN EUROPA

Nach derzeitigem Wissensstand waren mehrere Arten der Gattung *Castanea* schon im mittleren Tertiär vor etwa 40 Mio. Jahren in der gesamten nördlichen Hemisphäre zu finden. Die Gattung *Castanea* gehört botanisch gesehen zu den Buchengewächsen und hat zwei Sektionen: eine mit drei Früchten pro Fruchthülle und die andere mit nur einer Frucht. Zu der ersten zählen die Amerikanische Kastanie *(c. dentata)*, die Edelkastanie *(c. sativa)*, die Japanische Kastanie *(c. crenata)*, die Chinesische Kastanie *(c. mollissima)* und die *c. senguinii* ebenso in China. Die drei weiteren Arten mit nur einer Frucht sind in

Nordamerika und China beheimatet und sind eher als Zierstrauch oder Landschaftsgehölz einzustufen und werden kaum zur Fruchtgewinnung verwendet. Die Rosskastanie ist nicht mit der Edelkastanie verwandt, sie gehört zur Familie der Seifenbaumgewächse, auch sind ihre Früchte ungenießbar. Zu Beginn des Erdzeitalters des Pliozäns (vor etwa 7 Mio. Jahren), bei wärmeren Bedingungen als heute, erlebte die Gattung ihren Höhepunkt gleichzeitig mit der Ausbreitung des Nadelwaldes. Ab dem mittleren Pleistozän (etwa vor 1 Mio. Jahren) sorgten die Eisvorstöße, unterbrochen durch Rückzüge, mit der gleichzeitigen Barriere der Alpen für das Verschwinden der Edelkastanie nördlich der Alpen. Spätestens zur Zeit der maximalen Eisausdehnung vor 40.000 Jahren war die Edelkastanie auch am Alpensüdfuß verschwunden.

Die Frage, wo die Überdauerungsgebiete während der Kaltzeiten lagen, kann nicht eindeutig beantwortet werden. Aufgrund der Pollen- und Holzfunde in ca. 20.000 Jahre alten Sedimenten im Gebiet des Marmarameeres, in Italien, Frankreich und in Nordspanien konnte darauf geschlossen werden, dass diese die Rückzugsgebiete der Edelkastanie während der letzten Eiszeit waren und sich der Baum von dort in der Nacheiszeit wieder ausgebreitet hat. Das Vorkommen der Kastanie in den damaligen Permafrostgebieten Südfrankreichs, im Baskenland oder in Norditalien erscheint doch eher ungewiss. So bleibt als Refugium das Gebiet beim Marmarameer, die südlichen Küsten des Schwarzen Meers bis Kolchis und vielleicht auch der südliche Apennin.

**VERBREITUNG**
*der Edelkastanie in Europa während der Eiszeit.*

Ab 8000 v. Chr. liegen Einzelnachweise für den westlichen Mittelmeerraum vor. Ab etwa 2000 v. Chr. kann die Kastanie ausgehend vom Schwarzen Meer (Türkei) über Griechenland nach Italien bis auf die iberische Halbinsel nachverfolgt werden. In diesem Verbreitungszug nimmt der Mensch die wesentliche Rolle ein. Theophrastos von Eresos, griechischer Philosoph und Naturforscher (371–287 v. Chr.), beschreibt die damaligen Methoden zur Wald- und Baumkultur und gibt Hinweise auf das Hauptverbreitungsgebiet der Kastanie in Nordgriechenland und Anatolien. Die Kolonisierung der Griechen ab dem 8. Jahrhundert v. Chr. in Süditalien trug sicher zur Verbreitung dort bei. Ovid, antiker römischer Dichter, geboren 43 v. Chr., schreibt, dass die Kastanie eine der vielen ausgezeichneten Produkte in Süditalien darstellt. In Mittel- und Norditalien blieb sie aber bis ins 1. Jahrhundert n. Chr. ohne große Bedeutung und war vermutlich kein bevorzugtes Nahrungsmittel der frühromanischen Aristokratie. Im Laufe des 1. Jahrhunderts n. Chr. erkannte die Bevölkerung, wie wertvoll das Holz von Kastanien war. Nun finden sich in der römischen Literatur auch Hinweise für deren ökologische Ansprüche sowie Verwendungstechniken und das Management von Niederwäldern mit Kastanie. Plinius (12–79 n. Chr.) unterstreicht die hohe Qualität von Kastanienholz für Pfähle in Weinbauanlagen, erwähnt aber auch, dass sich die großen Früchte zum Braten auf dem Feuer und die kleineren zum Kochen eignen. Römer, Weinbau und Kastanie scheinen in Europa zeitlich und räumlich eng verbunden gewesen zu sein. Mit der Eroberung West- und Mitteleuropas durch die Römer begann die endgültige Verbreitung in den heutigen Anbaugebieten von Portugal, Frankreich, Schweiz, Deutschland bis England. Entscheidend waren die Klimabedingungen, welche den spezifischen Ansprüchen der Edelkastanie entgegenkamen. Sie wird als eine submontan-mediterrane Baumart im gemäßigt warmen Klima eingestuft. In Zahlen ausgedrückt, die notwendigen Jahrestemperaturen liegen zwischen +8 °C bis maximal 15 °C (oder sechs Monate mit mindestens 10 °C), die Meereshöhe zwischen 100 m und je nach Breitengrad bis 1500 m. Sie meidet Spätfrostlagen, hat zwar späten Austrieb, befindet sich deshalb vielfach an Berghängen. Dort wohl auch, um genügend Niederschläge zu erhalten, von mindestens 600 mm bis maximal 1600 mm. Die Kastanie ist zudem eine lichtbedürftige Art (zwischen Buche und Eiche) und verlangt einen Boden, der sich von leicht sauer bis neutral (pH von 5 bis 6,5) befindet. Somit nicht auf Kalkgestein üblich, mit Ausnahmen, falls der Aktivkalk ausgewaschen wurde, so im Karst, in den Apuanischen Alpen, im Trentino in Drena und am Monte Baldo in San Zeno. Das natürliche Verbreitungsareal ist weiterhin die nördliche Hemisphäre. Bei Betrachtung der Europakarte reicht das Areal von Sizilien und Kreta bis Ungarn und westlich nach Belgien und Südengland, in der Ostwestrichtung vom Kaukasus bis an den Atlantik (Normandie, Bretagne, Südwestfrankreich, Galizien, Baskenland, Nordportugal). Die Früchteproduktion ist hauptsächlich aus klimatischen Gründen nicht überall ausgebildet. Die Kastanienproduktion von Europa erreicht nur mehr 170.000 t in abnehmender Weise und stellt bloß 8% der Welternte (2,1 Mio. t), die weiter zunimmt. Ausschlaggebend ist dafür China mit steigenden Ernten auf 1,8 Mio. Tonnen. Im asiatischen Raum zählen noch die Türkei (65.000 t), Südkorea (56.000 t), Japan (17.000 t) und Nordkorea (13.000 t) dazu. In Europa bleibt trotz Abnahme Italien führend (50.000 t). Die Regionen Italiens werden von Kampanien angeführt, wo rund die Hälfte der nationalen Produktion erfolgt. In der weiteren Reihenfolge liegen Latium, Kalabrien, Piemont und Toskana. In allen anderen Regionen, mit Ausnahme von Apulien ohne Kastanienbestand, liegt die Produktion unter der 1.000 Tonnen-Marke. Griechenland, Portugal, Spanien und Frankreich zählen zu den wichtigen Produzenten in Europa.

**VERBREITUNG**
*der Edelkastanie in Europa, Stand 2022.*

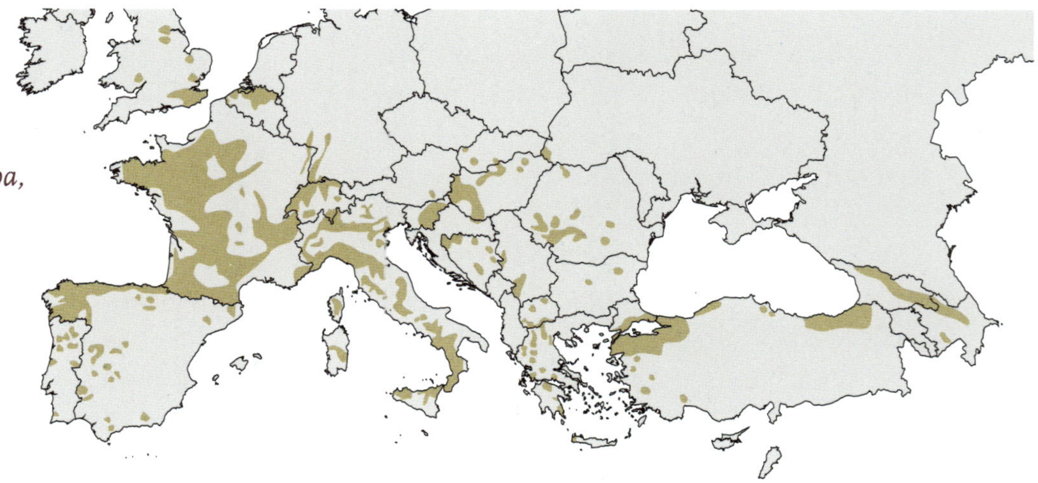

**VERBREITUNG** *der Edelkastanie in Italien, Stand 2022.*

## HERKUNFT UND VERBREITUNG IN SÜDTIROL

Die bisher allgemeine Ansicht, wonach die Römer in ihrer Verweilperiode im Lande die Kastanie hierher gebracht hätten, bedarf, gleich dem Weinanbau, der bereits vorher von den Rätern betrieben wurde, einer eingehenden Überlegung. Es verdichten sich Hinweise, dass in der Bronzezeit die Edelkastanie im Alpenraum bereits vorlag. Pollenfunde sind immer mit Vorsicht zu betrachten, da Pollenweitflug von 100 km und mehr möglich erscheint. Für Früchte liegen Hinweise allerdings erst ab der Eisenzeit vor. Einen guten Beweis liefern die Pfahlbauten am Ledrosee in unserer näheren Umgebung. Die Besiedelung wird dort zwischen 2200 und 1300 v. Chr. angegeben, die Pfähle bestehen aus Kastanienholz und im Sediment des Sees traten auch Pollenfunde der Kastanie zu Tage. Vögel oder andere Tiere könnten für die Verbreitung in unser Areal aus dem südlichen Alpenvorland eine Rolle gespielt haben, obwohl die heutigen näheren Kastanienbestände am Alpensüdfuß eher beschränkt sind, kaum im Veneto (Combai, Monfenera, Montello) und mehr in den lombardischen Tälern der Provinz Brescia (Val Trompia, Val Camonica).

Ein weiterer Grund für die These der anderweitigen Verbreitungszeit in unserem Land als jene der römischen Zugehörigkeit liegt in der Betrachtung des heutigen Verbreitungs-

> Unser Begriff der „Keschte" kommt vom althochdeutschen „Chestinna".

areals hierorts. Ausgehend von der spärlichen Besiedlung zu jener Zeit in der Talsohle längs den Verkehrsachsen sind außer im Überetsch keine höher gelegenen Güter von Römern bekannt. Die Edelkastanie befindet sich heute im Wesentlichen auf höher gelegenen Rodungsinseln einer später erfolgten Bewirtschaftungswelle. Die Römer pflanzten Kastanien für die Holzproduktion, Früchte waren nicht sonderlich beliebt, sie galten als Futter für die Siebenschläfer. Auch unterscheidet sich die Holzproduktion durch andere Pflanzweisen und periodische Nutzungseingriffe (15–30 Jahre Umtriebszeit). Ich neige zur Ansicht, dass sich die Edelkastanie als Fruchtbaum vermutlich im Land erst infolge der im 8. Jahrhundert einsetzenden Gütererwerbung und -schenkung durch die bayerischen Klöster ergab. Die Klöster waren die geistigen Erben der Kulturüberlieferung der griechischen und römischen Antike. In den Klöstern wurden die Werke der Antike (z. B. von Plinius) sowohl gelesen und abgeschrieben als auch in der Praxis angewandt. Unser Begriff der „Keschte" leitet sich jedenfalls vom althochdeutschen „Chestinna" ab.

Die derzeitigen heimischen Bestände mit Edelkastanien ergeben sich aus den genannten Ansprüchen dieser Pflanzenart. Somit immer auf Silikatgestein (Schiefer, Gneis, Porphyr, Tonalit) mit einer sauren Bodenbildung und in Höhenlagen zwischen 300 und 1000 m aus Gründen des Wärmeanspruches und der Spätfrostgefahr. Die sonnenzugewandten Hanglagen längs unserer Flüsse in Flussrichtung sind folgendermaßen begrenzt: an der Etsch ab Kortsch, an der Passer ab St. Leonhard, an der Falschauer ab St. Pankraz, an der Talfer ab Bundschen, am Eisack ab Franzensfeste, an der Rienz ab Mühlbach. Bestandsinseln auf Quarzporphyr finden sich in Montan und Salurn (Buchholz) im Bozner Unterland. Gepflanzte Einzelbäume außerhalb dieser Gebiete stehen an der Churburg in Schluderns, im Schloss Wolsthurn in Mareit, in Niederried in Freienfeld, in Vintl und oberhalb Uttenheim. Dazu zählt auch der wohl höchste Standort in Oberinn am Ritten auf 1370 m. Der höchstgelegene Fruchtbaum steht auf genau 1100 m oberhalb Vellau. Die Kastanie findet sich auch natürlich in Laubmischwäldern mit Hainbuchen, viel weniger mit Flaumeichen, da dann der Standort zu trocken wird. Diese Flächen befinden

Foto: Tourismusverein Leifers/Tiberio Sorvillo

sich im Bozner Becken (besonders am Kohlerer Berg) bis nach Leifers und Salurn, im Montiggler Wald, in Andrian, Nals, Burgstall und Terlan, im Burggrafenamt zieht sich die Kastanie durch das Überhandnehmen der Fichte zurück (Marling, Algund, Schenna). Im unteren Vinschgau fehlen diese natürlichen Bestände infolge der Trockenheit am Sonnenberg. Die Kastanienhaine des Tales überlebten nur durch Bewässerungsmöglichkeiten aus den Waalen. Bemerkenswert ist die Beobachtung, nach der das Weinbaugebiet des Landes exakt

**SEIT BEI LEIFERS**

*Die Kastanien befinden sich in Südtirol vor allem im Bozner Becken bis nach Leifers und Salurn, im Montiggler Wald, in Andrian, Nals, Burgstall und Terlan.*

mit der Verbreitung der Kastanie zusammenfällt. Insgesamt beträgt die Waldfläche mit Kastanien 1500 ha, wovon höchstens 400 ha der Früchteproduktion dienen. Diese verteilt sich auf 180 ha in Bozen und Umgebung, 100 ha im Burggrafenamt, 90 ha im Eisacktal und schließlich 30 ha im Vinschgau. Damit liegt Südtirol an 19. Stelle der Regionen Italiens. Zumindest können wir uns als nördlichstes Gebiet der Kastanie in Italien bezeichnen, ohne Abstriche auf Fruchtqualität im Vergleich zu südlicheren Regionen hinnehmen zu müssen.

Abbildung: Archiv Helmuth Scartezzini

KASTANIENBLÜTE UND -BLÄTTER.

## BLÜTENBIOLOGIE UND HEIMISCHE SORTEN

Die Kastanie blüht relativ spät im Juni nach der vollkommenen Laubbildung. Die Blüten sind einhäusig, getrenntgeschlechtlich. Die männlichen und weiblichen Blüten befinden sich in getrennten Blüten auf ein und derselben Pflanze. Sie kennzeichnen die Gattung mit über 20 cm langen Blütenständen von kätzchenähnlichem Aussehen. Die männlichen Blüten öffnen sich 7 bis 10 Tage vor den weiblichen. Die eingeschlechtlichen blühen vor den zwittrigen, welche sich auch an der Pflanze finden. Die Pollenproduktion erstreckt sich über fast einen Monat, die weiblichen Blüten bleiben 2–3 Wochen befruchtbar. Regnerische Blühphasen ziehen eine schwächere Ernte nach sich. Die Bestäubung erfolgt durch Wind und Insekten, die durch den intensiven Geruch der Kätzchen angelockt werden. Die Windbestäubung scheint vorherrschend zu sein. Die Pollendichte der Windbestäubung reicht nur auf kürzere Distanz (30 m), obwohl die Windverfrachtung 30 km und mehr betragen kann. Die Kastanien sind zumeist selbststeril und damit auf eine Fremdbefruchtung angewiesen. Jedoch unter den Marronisorten finden sich viele männlich sterile, sodass pollenspendende Sorten in der Anlage vonnöten sind. Am einfachsten kann die Befruchtung durch zeitgleich blühende Wildkastanien in der Umgebung erfolgen, wie es im heimischen Kastanienanbau meistens am Waldesrand natürlich gegeben ist.

Die Sortenfrage ist etwas komplexer als bei anderen Kulturpflanzen und sehr regional betont. In Italien unterscheidet man Kastanien von den Marroni, was im Wesentlichen eine handelsmäßige Einstufung bedeutet. Der Begriff Marroni (zu deutsch Maronen) leitet sich von Maronea, einer Stadt in Thrakien, ab.

Um Bäume mit Marroni zu erhalten, müssen diese mit Marronireisern veredelt werden. Marronisorten haben eine geringere Produktivität und höhere Ansprüche an Boden-

## Wie unterscheidet man Kastanien von Marroni?

### Kastanien

Fruchtgröße: klein bis groß, mehr als 90 Früchte/kg

Fruchtschale: einheitlich dunkel

Fruchthäutchen: dicker und eindringend

Narbe: ellipsenförmig

Geschmack: unterschiedlich

Samen/Frucht: häufig mehrere

Früchte/Igel: 3–7

### Marroni

Fruchtgröße: mittel bis sehr groß, weniger als 90 Früchte/kg, einheitliche Form

Fruchtschale: hell mit dunklen Streifen, glänzend

Fruchthäutchen: dünner und nicht eindringend

Narbe: kleiner, rechteckig

Geschmack: immer süß

Samen/Frucht: unter 12 % segmentiert

Früchte/Igel: 1–3

**KASTANIENMARKT**
*in Italien. Stand 2022.*

fruchtbarkeit und Wärme. Aus diesen Gründen finden wir in Südtirol die Altbäume in zwei Zonen auf verschiedene Art: seit jeher Marroni im Burggrafenamt und der Bozner Umgebung bis Barbian, im mittleren Eisacktal unveredelte Kastanienbäume von Villanders bis Aicha, wie auch im Vinschgau. Die Marroni erfahren eine größere Wertschätzung infolge ihrer deutlich leichteren Schälbarkeit beim Braten. Bezüglich unserer Marronitypen bleibt festzuhalten, dass es sich bei den verschiedenen geografischen Bezeichnungen um sogenannte Ökotypen handelt, die sich kleinräumig entwickelt haben: im Burggrafenamt Tisener, Völlaner, um Bozen Jenesiener (Glaning-Afing), Kampenner (inbegriffen Seit und Breitenberg), Buchholzer (Salurn). All diese dürften zu einem Formenkreis gehören, ohne deutliche Unterschiede. Klarer setzt sich die Gelbe Barbianer ab, die eine merklich hellere Schale aufweist. Die Schwarze aus Barbian, so genannt wegen ihrer dunklen Schale, gehört schon den Kastanien an. Für die unveredelten Fruchtbäume im mittleren Eisacktal steht die Feldthurner. Diese Fruchtbäume sind aus Sämlingen entstanden und weisen dadurch keine Einheitlichkeit auf, produzieren jedoch durchaus auch größere Früchte. Die Testpflanzungen vor 25 Jahren mit französischen Hybriden (Kreuzung Edelkastanie mit japanischer Kastanie) haben, mit Ausnahme der Bouche de Betizac, infolge geschmacklicher Mängel, obwohl frühreifer mit großen Früchten und robuster gegen den Rindenkrebs, keinen Eingang gefunden.

Der Kastanienmarkt in Italien besteht zu 80 % aus Kastanien und zu 20 % aus Marroni, welche zu 60 % als Frischware gehandelt werden und zu 40 % in die Verarbeitung gehen. Insgesamt betrachtet dürften 70 % als Frischware, 20 % für die Verarbeitung (Püree, Marrons glacés, geschälte Halbfertigware) und 10 % zur Trocknung und Mehlerzeugung verwendet werden. Italien zählt in Europa zum größten Exporteur (nach Frankreich, Schweiz, Österreich, Deutschland), importiert aber auch aus der Türkei, Spanien, Albanien und Portugal.

Eine Anmerkung aus persönlicher Beobachtung zu den notwendigen Erneuerungsinitiativen zur Erhaltung der Bestände: Die jährlich gepflanzte Zahl von 1000 bis 1300 Jungbäumen seit gut 20 Jahren müsste ausreichen, um die abgestorbenen, kümmernden und gefällten Bäume mehr als auszugleichen. Die Anwuchsprozente liegen allerdings grob um 50 %, da vielfach Krebsbefall, zu magerer Boden, Wassermangel und mangelnde Pflege ein vorzeitiges Absterben bedingen. Neben Pflanzungen wären auch Veredlungen von Stockausschlägen oder aufgegangenen Sämlingen empfehlenswert. Aufgrund der geschätzten Baumzahl des Landes von 40.000 Stück ergibt sich eine potentielle Erntemenge von 400 t, 100 kg Früchte pro Baum zu Grunde gelegt. Vermutlich liegen die jährlichen Mengen ausschließlich für den Frischmarkt um die 300 t. Für die meisten Jahre wäre die Nachfrage höher als die eigene Produktion. Der Handel gleicht dies durch Zukäufe aus Piemont, Toskana oder Latium aus, auch wegen der längeren Haltbarkeit und der besseren Verfügbarkeit dieser Edelkastanien.

*„Das Wichtigste im Kastanienanbau ist die Produktion eines naturbelassenen, gesunden Lebensmittels ohne Chemie. Die anderen Funktionen – Erholung, $CO_2$-Bindung, Schutz vor Steinschlag, Muren und Verkarstung, Erhaltung der Biodiversität, Erhaltung der Bodenkraft und Erhaltung eines alten Kulturgutes – kommen ‚im Schlepptau', sind aber genauso wichtig."*

*Max Gögele*

*Kastanienverein Vinschgau*

# Baumschule, Kastanienhonig und Törggelen

**JOHANN LAIMER**, *Jahrgang 1970, ist mit seiner Baumschule „Kösti" in Burgstall wohl Südtirols bekanntester Kastanienbaumzüchter und gefragter Experte in ganz Europa. Mit seinem „Keschtn"-Stand lockt er seit Jahren Fans gebratener Kastanien aus dem ganzen Burggrafenamt an. Mit seiner Familie lebt er am Heideregger Hof auf 600 Metern oberhalb von Burgstall.*

## DIE KASTANIENBAUMANLAGE: AUFZUCHT UND VEREDELUNG

Unter Pflanzen-Veredelung versteht man eine traditionelle Form der künstlichen Vermehrung. Da beim Veredeln ein genetisches Individuum vervielfältigt wird, handelt es sich dabei um eine Form des Klonens.

Dabei wird eine sogenannte Unterlage mit einem Edelreis oder Edelauge verbunden. Zweck des Veredelns ist der Erhalt der Sortenreinheit. Es gibt aber auch weitere Gründe für eine Veredelung, z. B. das Wurzelsystem des Edelreises passt nicht zum Boden, das Wurzelsystem des Edelreises ist krankheitsanfällig (z. B. Resistenz gegen bodenbürtige Pilze), zu schwaches Wurzelsystem des Edelreises

**KASTANIENWALD** *im Herbst.*

(z. B. bessere Versorgung der oberirdischen Pflanzenteile) oder die Beeinflussung der Wuchsstärke (denn das Ziel sind schwachwüchsige bzw. starkwüchsige Formen). Je enger die Verwandtschaft zwischen Unterlage und Edelreis ist, desto wahrscheinlicher ist das Zusammenwachsen der Veredelungspartner. Nachfolgend werden die besten Nachbehandlungen der Veredelung aufgezeigt.

▲ Wenn mittels **Chipp-Budding-Methode** mit üblichen, nicht dehnbaren Veredelungsbändern veredelt wurde, so müssen diese nach dem Antreiben der Knospe sofort entfernt werden.

Fotos: Archiv Johann Laimer, Shutterstock

▲ Oberhalb des Auges wird zuerst noch ein Stück Trieb von 10 bis 15 cm Länge belassen. Die austreibenden Wildtriebe sollten alle entfernt werden, damit sie nicht zur Konkurrenz des Edelauges werden.

▲ Dehnbare Veredelungsbänder müssen nicht entfernt werden, das Auge bricht durch.

▲ Durchgebrochener Jungtrieb.

▲ Vielfach werden mehrere Jungtriebe an Stockausschlägen veredelt, wo anfangs auch noch Wildtriebe stehen bleiben. In solchen Fällen sollte man die Veredelten immer markieren, um sie schnell ausfindig zu machen und keine zu vergessen.

▲ Ist der Neutrieb stark genug, wird er an einen dickeren Pfahl gebunden.

▲ Jungtriebe, die noch zu schwach sind, um sie an einen Pfahl zu binden, können jetzt am belassenen Triebstück angebunden werden.

▲ Ist der Trieb sicher befestigt, wird das vorerst stehen gelassene Triebende abgeschnitten.

▲ Beim Abschneiden haben sich Scheren mit Doppelklinge bewährt, weil dadurch die Rinde nicht gequetscht wird.

▲ Anschließend wird mit Veredelungswachs versiegelt.

Fotos: Archiv Johann Laimer

▲ Der Jungtrieb wird nun fortlaufend am Pfahl befestigt.

## KOPULATION MIT GEGENZUNGE

▲ Um zu tiefe Verzweigungen zu vermeiden, sollte bei der Kopulation mit Gegenzunge immer nur ein Auge belassen werden.

## GEISSFUSS UND RINDENPFROPFEN

▲ Bei diesen Methoden müssen nach dem Anwachsen sofort die Befestigungsbänder geöffnet werden, um ein Abwürgen zu verhindern. Anschließend mit Wachs versiegeln und den Neutrieb fortlaufend anbinden. Auch hier sollte man nur einen Trieb belassen.

▲ Gerade in Gebieten mit starkem Wind ist das Befestigen der Jungtriebe unbedingt notwendig.

Fotos: Archiv Johann Laimer

▲ Auch auf den Wildschutz muss geachtet werden. Ist weiträumiges Einzäunen nicht möglich, sollte Einzelschutz aus Maschendraht angebracht werden. Um Verletzungen vorzubeugen, die zu Rindenkrebsbefall führen können, sollte der Zaun die Bäume nicht berühren.

## WIESO WIRD VEREDELT?

Bereits im 15. und 16. Jahrhundert waren die Südtiroler Ortschaften Tisens und Völlan für ihre köstlichen „Pelzköschtn“ bekannt. Früher war man der Meinung, dass man auch durch das Pflanzen von sogenannten „Wipfelköschtn“ (große Kastanien von Wildbäumen im Gipfelbereich) gute Qualitätskastanien gewinnen kann. Das stimmt nur zum Teil. Es können zwar großfruchtige Sorten entstehen, es handelt sich dabei aber immer nur um Wildlinge, die in Qualität und Geschmack selten mit veredelten Sorten vergleichbar sind. Grundsätzlich sollten nur Marroni, in Südtirol besser bekannt als „Gelbe“, veredelt werden, um die beste Qualität zu erzielen. Diese stellen jedoch höhere Ansprüche an Boden, Bewässerung und Klima und sind deshalb nicht für alle Lagen geeignet. Alte veredelte Kastanienbäume erkennt man an Verdickungen im unteren Stammbereich.

## WANN UND WIE WIRD VEREDELT?

Die beste Zeit zum Veredeln von Kastanienbäumen ist zwischen Anfang April und Mitte Mai. Okulieren und Chippen kann man auch im August. Vielfach wird behauptet, dass der Mond eine große Rolle spielt. Wichtiger erscheinen aber die Qualität der Edelreiser und die Witterung. Es sollte weder windig noch zu heiß sein, um ein schnelles Austrocknen des Edelreises zu verhindern. Als beste Methode hat sich das Okulieren erwiesen. Diese Veredlungsvariante wird auf dünnen Unterlagen und Reisern (einjährig) praktiziert und bietet somit weniger Angriffsfläche für den Rindenkrebs. Auch beim Geißfuss und Röhrln erzielt man bei der richtigen Pflege gute Erfolge.

### WORAUF IST BEIM VEREDELN ZU ACHTEN?

Die größte Aufmerksamkeit sollte das Aufbewahren der Edelreiser bekommen. Edelreiser sollten in der Vegetationsruhe von Mitte Januar bis Ende Februar geschnitten werden. Es wurde viel über die Schwierigkeit des Kastanienveredelns gesprochen, die zum größten Teil auf die falsche Lagerung der Edelreiser zurückzuführen ist. Früher wurden sie meist im Keller in feuchtem Sand aufbewahrt, wo sie teils austrockneten. Bei der richtigen Lagerung in einer Kühlzelle (nicht gemeinsam mit Äpfeln) kann man durchaus mit einer Anwachsrate von 70 bis 80 % rechnen. Beim Veredeln sollte auf eine saubere Schnittführung geachtet werden. Anschließend sollte die Stelle verbunden und mit Wachs versiegelt werden. Sollten mehrere Veredelungen durchgeführt werden, ist es auch von Vorteil, öfters die Schnittwerkzeuge mit Alkohol zu desinfizieren, um das Übertragen von Rindenkrebs zu verhindern.

*„Nach dem Apfel und den Trauben ist die Kastanie an 3. Stelle unter den vielen Obstarten, die in Südtirol gedeihen. Es ist daher besonders wichtig, diese sensible Frucht durch die richtige Pflege vom Baum bis auf den Teller zu begleiten. Erst ein gesundes Obst kann durch fachkundige Lagerung und Verarbeitung den Ansprüchen für ein hochwertiges Lebensmittel dem Konsumenten empfohlen werden."*

*Martin Mayr*

*Kastanienverein Eisacktal*

Foto: Shutterstock

*In Schnee gehüllter* **KASTANIENWALD.**

# STANDORT UND PFLEGE

## KLIMA

Die Edelkastanie ist eine wärmeliebende Pflanze. Sie hält über eine kurze Zeit aber auch Temperaturen von -15 bis -20 Grad aus. Japanische Hybriden reagieren empfindlicher auf Kälte. Der Jahresniederschlag sollte, gleichmäßig verteilt, bei über 600 mm liegen – sollten die Werte darunter sein, muss zusätzlich bewässert werden. In Südtirol kann sortenabhängig bis auf eine Meereshöhe von 1000 Metern gepflanzt werden. Für eine gute Blütenbildung ist viel Licht erforderlich, deshalb sollten in nördlichen Gebieten nur Südhänge bepflanzt werden.

▲ *Gut durchlüfteter* **PORPHYR-BODEN.**

▲ **ALTER KASTANIENHAIN**
*mit Unterkronenbewässerung.*

## BODEN

Bevorzugt werden saure Böden vulkanischen Ursprungs mit pH-Werten von 5 bis 6. Auf keinen Fall sollte auf kalkhaltigen Böden gepflanzt werden, hier ist mit starker Chlorose und schwachem Wachstum zu rechnen. Auf schweren Böden mit hohem Lehm- oder Ton-Anteil kommt es häufig zu Staunässe. Die Wurzeln faulen hier regelrecht und es herrschen ideale Bedingungen für schädliche Pilze (Tintenkrankheit). Die Edelkastanie liebt tiefgründige, humusreiche und gut durchlüftete Böden.

## BEWÄSSERUNG

Bei Neupflanzungen ist eine zusätzliche Bewässerung unbedingt notwendig. Aber auch bei alten, bereits bestehenden Kastanienhainen bringt sie Vorteile. Bäume, die unter Trockenstress leiden, produzieren kleinere Früchte und sind anfälliger für Krankheiten. Junge Bäume, die unter Trockenheit leiden, treten viel schneller in die Ertragsphase über und bleiben dadurch klein und schwach. Um einen weitflächigen Wurzelaufbau zu fördern, sollte das Wasser großflächig ausgebracht werden. Tropfbewässerung eignet sich in den ersten Jahren bei Junganlagen. Bei Altbeständen haben sich Mikrojetbewässerung oder Unterkronenberegnung besser bewährt. Besonders ab August muss die Wasserversorgung gewährleistet sein, denn die Wassermenge ist entscheidend für die Fruchtgröße.

Fotos: Archiv Johann Laimer, Shutterstock

▲ **AUCH KOMPOST** *eignet sich hervorragend zur Düngung.*

## DÜNGUNG

Um gute Erträge zu erzielen und die Gesundheit der Bäume zu fördern, sollte nicht auf eine zusätzliche Düngung verzichtet werden. Gerade dort, wo jährlich Laub und Igel entfernt werden, wird die Humusbildung verhindert. Für eine gezielte Düngung sollte unbedingt eine Bodenprobe gemacht werden. Stallmist eignet sich hervorragend zur organischen Düngung. Er verbessert die Bodenstruktur und erhöht den Humusgehalt. Es können aber auch handelsübliche organische Dünger, z. B. Hühnermist oder Biosol, verwendet werden, die gleichzeitig gegen schädliche Pilze wirken. Die Kastanie benötigt eine gute Kalium-Versorgung. Durch den hohen Anteil in der Frucht wird dieser Nährstoff der Pflanze bei der Ernte in hohem Maße entzogen. Kalium spielt auch bei der Wasserversorgung eine große Rolle. Ein ausgeglichener Kaliumgehalt erhöht die Widerstandskraft bei Trockenheit. Werden mineralische Dünger verwendet, sollten sie reich an Stickstoff und Kalium sein und einen geringen Salzgehalt aufweisen. Kalkhaltige Dünger sollte man nicht verwenden.

▲ *Weibliche und männliche* **BLÜTENSTÄNDE.**

▲ **SANIERUNG** *alter Bäume.*

## BEFRUCHTUNG

Um hohe Erträge zu erzielen, ist eine gute Befruchtung ausschlaggebend. Weil viele Kastaniensorten steril sind – männliche Blüten sind zwar vorhanden, blühen aber nicht auf –, sind sie auf Fremdbestäubung angewiesen. Hier ist es von Vorteil, wenn Wildbestände in der näheren Umgebung stehen. Entgegen der landläufigen Meinung werden Kastanien durch den Wind, aber kaum durch Bienen und Insekten, bestäubt. Kastanienblütenpollen sind sehr träge und werden dadurch nicht sehr weit vom Wind getragen. Es empfiehlt sich auch im Kastanienhain Wildbäume stehen zu lassen oder bei Neuanlagen Befruchter mit einzuplanen.

## SCHNITT

Größere Schnittmaßnahmen sollten nur in der kalten Jahreszeit ausgeführt werden, um ein Übertragen der Rindenkrebssporen zu verhindern. Pilzsporen sind ab +4 Grad aktiv. In Gebieten mit hohem Rindenkrebsrisiko sollte jede Schnittmaßnahme gut überlegt sein, jede Wunde dient als Eintrittspforte für diesen Erreger. Bei Jungbäumen sollten überzählige Triebe entfernt werden. Junge, dünne Triebe können auch weggerissen werden. Beim Reißen werden keine Zellen geteilt und somit wird Krankheitserregern das Eindringen erschwert. Zu tief stehende Äste, die später das Bearbeiten erschweren, sollten frühzeitig abgeschnitten werden. Die Schnittstellen anschließend mit Baumwachs verstreichen.

## VERJÜNGUNG

In Ertragsanlagen geht das Längenwachstum der Triebe mit den Jahren drastisch zurück. Für gute Erträge und große Früchte sind jedoch Längenwachstum und Dicke der Triebe entscheidend. Ein Auslichten der Baumkrone bringt wenig Erfolg, denn dieses regt das Wachstum zu wenig an und die entstehenden Lücken wachsen nicht mehr zu. Hier hat sich ein drastischer Rückschnitt besser bewährt. Innerhalb kurzer Zeit formiert sich, bedingt durch den starken Neuzuwachs, eine neue Krone. In Spanien und Italien wird bei abgetragenen Bäumen die sogenannte Capitozatura angewandt, dabei wird der Baum gleich oberhalb der Veredelungsstelle geköpft.

## BODENPFLEGE

Bei Neupflanzungen sollte der Bereich um den Stamm immer von Gras freigehalten werden, um diesen bei Mäharbeiten nicht zu verletzen. Gleichzeitig beschleunigt man das Abtrocknen des Stammgrundes nach Regenfällen. Denn gerade diese Zone ist sehr anfällig für Rindenkrebs. Durch die fehlende Konkurrenz von Unkraut ist auch mit deutlich besserem Wachstum zu rechnen. Um Verletzungen an den Wurzeln zu vermeiden, soll-

Fotos: Archiv Johann Laimer

▲ **STARKER NEUZUWACHS**
*nach sehr starkem Rückschnitt.*

▲ **RINDENKREBSBEFALL**
*an der Stammbasis.*

*„Kastanienholz erlebt zurzeit wieder eine Renaissance. Vor allem im Innenausbau, für Böden und Treppen, wird es wieder vermehrt verwendet."*

*Johann Laimer*

*Kastanienverein Keschtnriggl, Burggrafenamt*

te der Boden nicht maschinell bearbeitet werden. Bei Herbizid-Behandlungen dürfen Stämme und Bodentriebe nicht direkt benetzt werden. Bei älteren Anlagen und Kastanienhainen ist durch die mangelnde Belichtung des Bodens mit weniger Graswuchs zu rechnen.

## KASTANIENHOLZ

Das Kastanienholz wird neben der Verwendung im Innenbereich auch im Außenbereich zur Errichtung von Holzrosten, Zäunen, Fassadenverkleidungen, Gartenmöbeln und nicht zuletzt, wenn auch nur mehr in geringen Mengen, für die typischen „Pergeln" verwendet. Möbelholz wird fast ausschließlich aus dem Ausland, aus Slowenien und Frankreich, importiert, obwohl auch Südtirol geeignete Qualitätsbäume hätte. Teils große Unterschiede in der Qualität des Holzes machen eine genaue Aussortierung und Klassifizierung notwendig.

Nachteile des Kastanienholzes sind die sehr langsame natürliche Luft-Trocknung und die Reaktion von Eisen mit den im Holz vorhandenen Tanninen, die zu blauen Flecken führt. Im Außenbereich sollten deshalb unbedingt Edelstahlschrauben verwendet werden. Auch kommt es bei der Auswaschung der Gerbstoffe zu einer hässlichen Braunfärbung auf Steinen und Beton. Letzteres lässt sich bei der Lagerung und Trocknung durch ständiges Abwässern zum Teil vermeiden. Auch bei sehr langer Lagerzeit ist kaum ein Feuchtigkeitsgehalt unter 12 bis 13 % zu erreichen, was eine zusätzliche künstliche Trocknung unbedingt notwendig macht.

Fotos: Archiv Johann Laimer, Shutterstock

▲ **EINE LANGE LAGERUNG** *ist notwendig.*

**PROBLEM RINGSCHÄLIGKEIT**

Das Hauptproblem des Kastanienholzes ist die Ringschäligkeit. Dabei handelt es sich um das Aufspringen und Loslösen des Holzes innerhalb der Jahresringe. Hervorgerufen wird die Ringschäligkeit durch Verletzungen und interne Spannungen. Ungleiches Wachstum, ausgelöst durch klimatische Bedingungen, führt zu unterschiedlichem Dickenwachstum. Bei gleichbleibendem Wachstum von 4 bis 5 mm im Jahr ist nur ein geringer Prozentsatz betroffen. Aus Studien geht hervor, dass Sämlinge kaum Symptome zeigen, im Gegensatz zu Stockausschlägen. Auch ein überalterter Baumbestand wirkt sich negativ aus. Untersuchungen ergaben, dass bis 40 Jahre 13 % und ab 60 Jahren bereits 50 % der Bäume Symptome aufwiesen. Stark saure Böden ohne Kalkgehalt weisen auch einen höheren Prozentsatz geschädigter Bäume auf.

**DIE VORTEILE ÜBERWIEGEN**

Vorteile des Kastanienholzes sind seine leichte Bearbeitung, gute Elastizität und gute Festigkeit. Durch den hohen Gerbstoffgehalt ist es im Außenbereich äußerst witterungsbeständig. Es wird auch kaum von Schädlingen, wie dem Holzwurm, befallen.

Aber auch im Innenbereich ist seine Anwendung vielseitig. Gerade wegen seiner schlichten, gleichmäßigen Maserung ist es für den modernen Innenausbau wieder attraktiv ge-

Fotos: Archiv Johann Laimer, Shutterstock

▲ **RINGSCHÄLIGKEIT**

▲ **TYPISCHE „PERGELN“,**
*die man in Südtirol nur noch beim Anbau von Vernatsch-Reben findet.*

worden. Auch seine gelblich-braune Farbe wirkt warm. Es ist bereits wissenschaftlich bewiesen, dass das Kastanienholz, genauso wie das Zirbelholz, eine beruhigende Wirkung auf den Menschen hat.

*„Viele alte Kastanienhaine in Südtirol wurden in den letzten Jahren durch die Unterstützung der Förster wieder hergerichtet. Die Kastanienbäume werden regelmäßig geschnitten und gepflegt, und abgestorbene Bäume durch neue ersetzt. Es werden aber auch neue gepflanzt und wilde Kastanienbäume mit Edelkastanien veredelt.“*

*Lino Schmid*

Kastaniengruppe Salurn

# KASTANIENPRODUKTE

## KASTANIENHONIG

Beim Kastanienhonig stammt der Nektar von der Edelkastanie (*castanea sativa*), auch Esskastanie genannt. Interessant ist, dass der Nektar nicht nur aus den Blüten stammt, sondern die Bienen sammeln ihn auch aus extrafloralen Nektarien. Zum Ende und nach der Blüte der Esskastanien kann sich eine Mischtracht oder eine reine Honigtautracht entwickeln. Die Bienen sammeln dann den Honigtau von den Blättern ab. Edelkastanienhonig hat in reiner Form ein bernsteinfarbenes Aussehen und ist etwas bitter im Geschmack. Sein Aroma enthält den Duft der Kastanienblüte. Der Honig ist kräftig und herb. Die Konsistenz ist flüssig. Er kristallisiert nur langsam aus. Dies ist eine Folge des ungewöhnlich hohen Fruktose-Anteils am Zuckerspektrum dieser Honigsorte.

Fotos: Shutterstock

### KASTANIENMEHL: TRADITIONELLE HERSTELLUNG

Das Kastanienmehl, auch süßes Mehl genannt, wird aus getrockneten und gemahlenen Kastanien hergestellt. In der Vergangenheit war dieses Mehl in Italiens Bergregionen, wo kein Getreideanbau möglich war, ein sehr wichtiger Bestandteil der Nahrung. Es wird vorwiegend noch in der Emilia-Romagna und in der Toskana produziert. Dort wird es noch nach alter Tradition hergestellt. In kleinen Räucherhäuschen im Kastanienhain, dem sogenannten Metato, werden die Kastanien vierzig Tage lang rauch-getrocknet. Anschließend werden sie mit primitivsten Maschinen geschält, mit einer Windmühle gereinigt und dann werden noch einmal einzelne Kastanien herausgesucht und nachgeschält. Nach dieser mühevollen Arbeit werden sie in einer Gemeinschaftssteinmühle zu Mehl gemahlen.

### HOCHBURG GARFAGNANA

In der Garfagnana werden jährlich noch ca. 8.000 Doppelzentner frische Kastanien auf diese Weise zu Mehl verarbeitet, wobei die Ausbeute bei ca. 25 % im Verhältnis zum Frischgewicht liegt. Im Gegensatz dazu wird industriell hergestelltes Kastanienmehl in zwei bis drei Tagen mit Maschinen luftgetrocknet und gemahlen und kann somit viel billiger angeboten werden. Industriell erzeugtes Kastanienmehl stammt vorwiegend aus der Türkei. In der Toskana werden fünf bis sechs verschiedene Kastaniensorten zusammengemischt, um die beste Qualität zu erzielen. Marroni eignen sich nicht so gut wie Kastanien. Wegen des höheren Fettanteils in der Frucht ist dieses Mehl nicht so lange haltbar und verdirbt dadurch schneller. Deshalb findet man in Gebieten, wo seit jeher Kastanienmehl erzeugt wurde, kaum Marroni.

## KASTANIENBIER

Die Brauerei Pietra auf Korsika war eine der ersten, die mit dem Brauen von Kastanienbier begonnen hat. Mittlerweile haben viele dieses Nischenprodukt entdeckt – so auch die Brauerei Cajun in Marradi. Dieser relativ kleine Betrieb hat eine große Leidenschaft für das Kastanienbier. Das Bier wird ausschließlich mit Kastanien aus der Umgebung gebraut. Chef und Mitinhaber der Brauerei, Walter Scarpi, stellte uns den Betrieb vor. Von besonderem Interesse war für uns natürlich das Kastanienbier mit der Bezeichnung Lom (im lokalen Dialekt bedeutet Lom „Licht“). Bei einer Verkostung konnten wir uns von der besonderen Würze und der hervorragenden Qualität dieses Bieres überzeugen. Während die meisten Brauereien zur Herstellung von Kastanienbier Kastanienmehl verwenden, werden hier ganze geröstete Kastanien verwendet, was zweifellos zur besonderen Qualität des Bieres beiträgt.

## DIE HERSTELLUNG DER „MARRONS GLACÉS“

Mit der Herstellung wird bereits im August begonnen. Verwendet werden die Marroni vom letzten Jahr, die bereits geschält sind, und bei -40 Grad gelagert wurden. Anschließend werden sie nochmals per Hand selektioniert. Flache und beschädigte werden entfernt und für die zweite Qualität benutzt. Sobald die Marroni sortiert sind, kommen sie in Kisten mit Waben, die sie vor Brüchen schützen sollen, und werden in weichem Wasser unter Temperatur- und Druckkontrolle gekocht.

Fotos: Shutterstock

# TÖRGGELEN GIAN

Die Überschrift wurde mit Bedacht gewählt. Denn Törggelen, „richtiges Törggelen", ist ein Gesamtkunstwerk und das muss man sich, wie alles Wertvolle im Leben, erarbeiten. In Südtirol dadurch, dass man nicht mit dem Straßenkreuzer bis vor die Haus- – pardon, Kellertür – vorfährt, sondern indem man sich auf den bevorstehenden Genuss mit einer richtigen Wanderung geistig und körperlich vorbereitet. So entspricht es ja auch dem Ursprung dieses beliebten Brauches. Törggelen kommt nämlich, entgegen anderslautenden Gerüchten, nicht etwa davon, dass manche Menschen anschließend etwas unsicher auf den Beinen stehen, sondern von dem lateinischen Wort „torquere" – gemeint ist damit das Pressen der Trauben. Dafür verwendete man jahrhundertelang ein eigenes Gerät, die Torggl, und danach war auch der ebenerdige Raum des Weinhofes benannt. Dort fanden sich, wenn der „Nuie (Wein)" licht wurde, wenn also die Gärung des gepressten Rebensaftes abgeschlossen war, Bauern und Bürger ein, um die Güte des letzten Jahrganges an Ort

und Stelle zu überprüfen. Mit der Zeit hat sich daraus das heutige Törggelen entwickelt, das, wo es echt und bodenständig betrieben wird, zu den schönsten Erlebnissen zählt, die Südtirol zu bieten hat.

Josef Weingartner hat auch für diesen alten Brauch die passenden Worte gefunden: „An den Abhängen des Kranebittberges wächst ein vorzüglicher Weißwein und im Spätherbst setzen sich zahllose Kolonnen von Brixner Bürgern in Bewegung, um den ‚Nuien' an der Quelle, bei den Weinbauern selber, zu verkosten. Gebratene Kastanien, Nüsse und das harte Brot, das nur ein paarmal im Jahr gebacken wird, passen trefflich zur rassigen Säure des grüngoldenen Weines. Schon der Hinweg in der milden Nachmittagssonne hat seinen eigenen Reiz.

Die untermauerten Weinbergterrassen, die Edelkastanien, der Blick hinab ins freundliche Tal, auf die alte Stadt oder auf das malerische Kloster Neustift, das grobe Kugelpflaster des Weges – das alles gehört unbedingt zu einer richtigen Törggelepartie. Noch schöner ist dann der Heimweg, womöglich im Mondenscheine, wenn die oft recht neckischen Geister des Weines ihr Spiel treiben."

In der getäfelten Stube verschiedener Buschenschänke oder draußen unter dem Nussbaum wird heute noch wie eh und je ein ehrlicher Eigenbau ausgeschenkt, der Speck präsentiert sich in den (Süd-)Tiroler Landesfarben rot und weiß und das Wichtigste, die köstlich schmeckenden Kastanien, darf natürlich auch nicht fehlen.

*„Bis heute sind die alten Weinhöfe an den Seitenrändern und auf den Mittelgebirgsterrassen des Eisack- und Etschtales das klassische Törggelegebiet Südtirols geblieben."*

*Christoph Gufler*
*Lehrer und ehemaliger Bürgermeister, Lana*

# Ernte, Lagerung
## und Genuss

**IRENE PERLI, GIACOMO GATTI** *und* **MASSIMO ZAGO** *(Leiter der Arbeitsgruppe) arbeiten im Versuchszentrum Laimburg am Institut für Obst- und Weinbau in der Arbeitsgruppe „Beeren, Steinobst und Ergänzungskulturen". Im Bereich des Kastanienanbaus führen sie unter anderem Versuche durch, um die Entwicklung des G.-castaneae-Pilzes einzudämmen.*

Im Gegensatz zu anderen Kulturen wird der Erntebeginn bei Kastanien durch den Fall der ersten Früchte festgelegt. Die Erntedauer hängt von zahlreichen Faktoren, wie der Sorte, der Höhenlage und den klimatischen Bedingungen, ab. Einige Wochen vor der eigentlichen Ernte kommt es zum sogenannten „physiologischen Fruchtfall", bestehend aus leeren Igeln (fehlende Befruchtung) oder Igeln mit unvollständig entwickelten oder wurmstichigen Früchten: es ist die Aufgabe des Produzenten, diese vor der Ernte aus dem Kastanienhain zu entfernen, um diese zu erleichtern und das Inokulum in den Folgejahren zu reduzieren. Die traditionelle **manuelle Ernte** überlebt heute vor allem in den kleinen, von steilen Hängen charakterisierten, heimischen Kastanienhainen, wie sie für das Trentino-Südtirol typisch sind. Die Arbeit wird hauptsächlich von den Familienmitgliedern ausgeführt und seltener von angestellten Mitarbeitern, denn tatsächlich handelt es sich um eine sehr teure Tätigkeit, die mehr als 50 % der gesamten Bewirtschaftungskosten ausmacht.

Früher war auch das **„Abschütteln"** oder „Dreschen" eine weit verbreitete Methode: kurz vor der Reife wurde die Krone des Kastanienbaumes (vom Boden aus und durch Klettern auf den Baum) mit Hilfe langer Bambusstangen geschlagen, um das Herabfallen der halbreifen Igel auszulösen. Der Vorteil dieser Methode bestand darin, den gesamten Baum an einem einzigen Tag abzuernten und dadurch das allmähliche Abfallen der Früchte zu vermeiden. Denn dieses hatte zahlreiche kostspielige Durchgänge, einen verlängerten Kontakt der Früchte mit dem Boden, Fäulnis, Schäden durch Huf- oder Nagetiere und Diebstahl zur Folge. Nach dem Herabfallen wurden die Kastanienigel direkt im Kastanienhain in Haufen gesammelt, mit Farnen, Ästen und Zweigen bedeckt und auf diese Weise für etwa einen Monat **„im Igelhaufen"** gelagert. Während dieser Zeit fand die vollständige Reifung sowie die „Kur" der Frucht (aus dem Italienischen ‚curatura') statt – eine Art anaerobe Gärung, die in der Lage war, die Haltbarkeit zu verlängern (ein chemisches Prinzip ähnlich der „Novena", auf die später eingegangen wird). Diese traditionelle Methode wurde in den meisten Kastanien-Gebieten (mit einigen lokalen Ausnahmen, wie der Gemeinde Brentonico, Ortsteil Castione, in der Provinz Trient) weitgehend aufgegeben, und zwar sowohl aufgrund der Verletzungsgefahr für den Arbeiter, als auch wegen der zahlreichen Verletzungen, die der Pflanze zugefügt werden, die potenzielle Eintrittsstellen für Krankheitserreger darstellen.

Auch in unseren Kastanienhainen breitet sich langsam, aber sicher die sogenannte **„erleichterte Ernte"** aus: Nach dem letzten Mähen werden entlang der Falllinien Netze unter den Kastanienbäumen ausgelegt. Diese können den Boden vollständig oder nur teilweise bedecken, oder aber, insofern sie mit einem geeigneten Verankerungssystem versehen sind, über dem Boden hängend angebracht werden. Nachdem der Igel herabgefallen ist, rollt er bis zu einer vorgesehenen Sammelstelle (diese bestehen meistens aus den Wegen innerhalb der Kastanienhaine oder aus entsprechend geformten „Sammelmulden"). Eine unabdingbare Voraussetzung dafür ist ein Mindestgefälle des Haines. Dieses System erfordert eine recht hohe Anfangsinvestition: hervorragend sind die Netze für die Olivenernte, aber auch alte, ausgediente Hagelschutznetze eignen sich sehr gut.

Foto: Archiv Versuchszentrum Laimburg

**ERLEICHTERTE ERNTE DURCH NETZE,**
*Kastelbell-Tschars (Vinschgau).*

Der Vorteil besteht darin, die Ernte auf wenige Sammelpunkte zu konzentrieren und nicht auf den gesamten Kastanienhain, was eine erhebliche Zeitersparnis mit sich bringt. Während der täglichen Erntegänge werden die Früchte gesammelt und die Igel auf den Wegen gehäuft, damit sie dann bequem vor dem Winter gehäckselt werden können. Der reduzierte Kontakt zwischen den Kastanien und dem Erdboden ist ein zusätzlicher Vorteil, der die Gesundheit der Früchte positiv beeinflusst.

Foto: Archiv Versuchszentrum Laimburg

**TRADITIONELLER KASTANIENHAIN** *mit breiter „Doppelnutzung" (Mähen und Obstpflücken), Tisens, Burggrafenamt.*

Die **mechanisierte Ernte** ist in spezialisierten Kastanienhainen (über 5 ha) und mit nur geringen Steigungen eine weit verbreitete Methode: Lesemaschinen mit Bürsten oder Saugern können selbstfahrend sein oder geschleppt werden; diese sind mit Trennmaschinen gekoppelt, die die Früchte von den Igeln, Zweigen, Blättern und Unreinheiten befreien. Die Mechanisierung (nicht nur der Ernte) ist heutzutage eine Voraussetzung für die Bewirtschaftung intensiver Kastanienhaine, ähnlich den Obstbaubetrieben, die für einen großflächigen Vertrieb bestimmt sind und die mit dem traditionellen Kastanienanbau wenig gemeinsam haben.

Direkt nach der Ernte ist das Produkt noch lange nicht marktreif. Da es in Südtirol für diese Frucht kein spezialisiertes Netzwerk von Genossenschaften oder Händlern gibt, werden die einzelnen **Schritte nach der Ernte** von jedem Unternehmen individuell durchgeführt. Der erste und unerlässliche Schritt ist die **Auslese**. Die frisch gesammelten Früchte werden etwa 15 Minuten ins Wasser getaucht: auf diese Weise treiben die schlechten und wurmigen Kastanien aufgrund ihrer geringeren Dichte an die Oberfläche, während die gesunden am Boden bleiben. Ein positiver Nebeneffekt dieser Technik ist die Säuberung des Produkts von Blatt- und Erdresten, wodurch das Erscheinungsbild verbessert wird. Eine effektive, aber teurere Alternative ist die Sortierung auf Tisch oder dem Förderband.

Der nächste Schritt ist die **Qualitätssortierung**, bei der alle wurmigen und fehlgebildeten Kastanien entfernt werden, und danach folgt die **Größensortierung** der Früchte: zu diesem Zweck werden Maschinen verwendet, die aus einer Reihe rotierender Zylinder mit immer kleineren Maschen bestehen, durch die die Kastanien rollen. Dies ermöglicht die Unterteilung der Ernte in drei Handelskategorien, die wie folgt definiert sind: I (oder AA) von 50 bis 65 Früchte/kg, II (oder A) von 65 bis 85 Früchte/kg und III (B) über 85 Früchte/kg. Der Preis des Frischprodukts steigt mit zunehmender Größe, allerdings bieten einfache Verarbeitungsmöglichkeiten, wie die Zubereitung und der Direktverkauf von gerösteten Kastanien, dem Landwirt die Möglichkeit, einen größeren Gewinn pro Kilo aus den kleineren Kastanien (III/B) zu erwirtschaften.

Der **„Novena“** (auch „Kältekur“ genannt) gebührt eine gesonderte Erklärung: dabei handelt es sich um eine Vorbehandlung der Kastanien, um deren Haltbarkeit zu verlängern. Bei diesem Verfahren werden die Früchte für einen Zeitraum von etwa neun Tagen (daher der Name) in Wasser eingelegt, wobei das Wasser mehrmals ganz oder teilweise ausgetauscht wird und die an der Oberfläche treibenden Früchte entfernt werden. Diese traditionelle Technik, die vom Apenninenraum bis Südtirol verbreitet ist, bewirkt eine partielle Milchsäure- und alkoholische Gärung der Kastanien mit anschließender $CO_2$-Freisetzung. Dabei sinkt der pH-Wert und das Eindringen von phenolischen Stoffen aus der Epidermis in das Fruchtfleisch hat eine pilzhemmende Wirkung. Der Nachteil dieser Technik ist der Verlust des Glanzes der Schale sowie die Tatsache, dass die Früchte aufgrund eines ausgeprägten Gäraromas, das allerdings während der Lagerung stark abnimmt, unmittelbar nach dem Vorgang nicht verzehrt werden können.

Ein absolut nicht zu vernachlässigender Aspekt ist die **Trocknung** des Produktes nach der Auslese und der Novena. In der Industrie geschieht dies durch Zwangsbelüftung bei Raumtemperatur, während sie in unserer lokalen Landwirtschaft in gut belüfteten Räumen und ohne direkte Sonneneinstrahlung erfolgen muss; denn diese würde eine langsame Erwärmung

**QUALITÄTSSORTIERUNG PER HAND,**
*Mayr-Unterganznerhof, Kardaun.*

Foto: Archiv Versuchszentrum Laimburg

verursachen, wodurch die idealen Temperaturen für die Entwicklung von Fäulnis gegeben wären.

Zwei weitere pilzhemmende Vorbehandlungen, die sich im Trentino-Südtirol aber bislang nur auf Versuchsebene (ehemaliges Agrarinstitut San Michele und Versuchszentrum Laimburg) bewährt haben, sind die Gasbehandlung mit hohen $CO_2$-Konzentrationen und die **„Sterilisation“** (heißes Bad).

**IDEALE WERTE**
*für die Lagerung in Kühlräumen.*

Aufgrund der hohen Verderblichkeit des Produkts sowie um eine zeitlich verzögerte Verteilung zu ermöglichen – damit Produktionsspitzen vermieden werden, die für den Erzeuger ein Nachteil wären – sind bei Kastanien entsprechende Lagermethoden erforderlich. Die traditionelle Lagerung im Keller wurde im Laufe der Jahre aufgegeben, da diese weder der Schimmelbildung noch der Austrocknung des Produktes vorbeugt.

Da in Südtirol die traditionelle Trocknung zur Herstellung von Trockenkastanien oder Kastanienmehl nicht besteht, bleibt die Kühllagerung im Betrieb die einzige Möglichkeit. Die wenigen Betriebe, die über Kühlräume verfügen, lagern das Erntegut in einer **normalen Atmosphäre** und bei einer möglichst niedrigen Temperatur (idealerweise unter 1 °C) und einer hohen relativen Luftfeuchtigkeit (ideale Werte liegen hier zwischen 90 und 95 %, um den Gewichtsverlust des Frischprodukts einzuschränken).

Im Rahmen von Lagerversuchen wurde auch die Möglichkeit der Lagerung von Kastanien in einer **kontrollierten Atmosphäre** erfolgreich untersucht: diese Methode zielt darauf ab, die Atmungsaktivität der Früchte durch Herabsetzung der Temperatur (unter 1 °C), hohe $CO_2$- und niedrige $O_2$-Werte zu reduzieren. Nach längerer Lagerzeit ist es nicht ungewöhnlich, die Entstehung von oberflächlichen Schimmelpilzen zu beobachten, die sich aber auf die Fruchtschale beschränkt. Mit Hilfe einer **Bürstmaschine** oder durch Reinigen der Frucht mittels eines Tuches lassen sich diese leicht entfernen. Aufgrund dieser relativ teuren Technik sind die meisten Südtiroler Kastanienanbauer gezwungen, das Produkt schnellstmöglich zu verarbeiten (Ernte, Sortierung, evtl. Novena und Kalibrierung) und zu verkaufen.

Dadurch wird die Aufgabe der Lagerung der Früchte an den Verbraucher weitergegeben. Wenn einerseits der Erzeuger verpflichtet ist, dem Käufer ein gesundes und hochwertiges Produkt zu liefern, so muss andererseits der Käufer auch gebührend über die am besten geeigneten Methoden der **häuslichen Konservierung** informiert werden: Obgleich die Kastanie vom Aussehen her Trockenfrüchten ähnelt (Walnüssen, Haselnüssen usw.), ist sie in Wirklichkeit in jeder Hinsicht ein Frischobst, weshalb sie relativ schnell verdirbt. Für kurze Zeiträume (< 7 Tage) kann der Verbraucher das Produkt im Kühlschrank aufbewahren, für eine längere Lagerung aber sollten die Kastanien eingeritzt und in den Gefrierschrank gelegt werden. Hier können die Früchte sogar sehr lange, bis zum Zeitpunkt des Verzehrs, aufbewahrt werden, wenn sie direkt und ohne vorheriges Auftauen zubereitet werden (geröstete Kastanien, gekocht o. ä.).

Foto: Archiv Versuchszentrum Laimburg

**BEI RAUMTEMPERATUR**
*verkaufte Kastanien.*

Die Frucht der Kastanie lässt zahlreiche Veredelungsmöglichkeiten zu: Während auf nationaler und internationaler Ebene das Sortiment Mehle, Pürees, Halbfertigprodukte, Snacks, Konfitüren, Brot- und Backwaren, Trockenteigwaren, Marrons Glacés, in Sirup eingelegte Kastanien, Biere, Liköre und vieles mehr umfasst, gibt es in der Provinz Bozen keine echte weiterverarbeitende Industrie.

In der Provinz Trient ist die „Cooperativa Castanicoltori del Trentino-Alto Adige“ aktiv, die

*„In Südtirol wird viel Wert darauf gelegt, dass die Kastanien auf die richtige Art und Weise geerntet, gelagert und verkauft werden, damit die Kunden die höchste Qualität erhalten. An der Laimburg werden Versuche gemacht, um die Konservierung der Kastanien wesentlich zu verlängern. Das ist sicherlich sehr positiv, denn es ist allgemein bekannt, dass die normale Konservierungszeit der Kastanien nur sehr kurz ist."*

*Lino Schmid*

*Kastaniengruppe Salurn*

zwar keine eigene Verarbeitungsanlage besitzt, aber mittels Dritter die lokale Produktion in Form zahlreicher Produkte, z. B. „Kandierte Kastanien in Nosiola-Grappa", „Kandierte Kastanien in Gewürztraminer-Grappa", „Vanille-Kastanien-Creme", „Vanille-Kastanien-Creme mit Kakao und Rum", „Kastanien im Sirup" und „Castanea – Kastanienbier", weiterverarbeitet und vermarktet.

Bis auf wenige Ausnahmen ist der Kastanienhain in Südtirol stets eine ergänzende und nie vorherrschende Tätigkeit des landwirtschaftlichen Betriebs. Im Rahmen der Produktion nimmt die Kastanie somit einen Wert als Nutzpflanze zur Ergänzung des Familieneinkommens ein. Auf wirtschaftlicher Ebene ist die damit verbundene Lieferkette, die sich aus dem Anbau selbst ergibt, besonders zu berücksichtigen. In einer Jahreszeit wie dem Herbstanfang, in der der Tourismus meist rückläufig ist, schafft die Kastanie in Südtirol dank der kulinarischen Tradition des Törggelens, der Spaziergänge durch die Kastanienhaine und der zahlreichen Kastanien-Dorffeste ein weites System wirtschaftlicher Verbindungen. Der Kastanienhain besitzt daher im Südtirol eine Reihe ästhetischer, touristischer, kultureller und sozialer Werte, die nicht außer Acht gelassen werden dürfen, wenn in diesem Zusammenhang über Kastanienanbau gesprochen wird.

## KASTANIEN-PATHOLOGIEN

Der Kastanienanbau ist für zahlreiche entomologische und pilzliche Erreger anfällig. Einige besonders aggressive Krankheiten haben in der Vergangenheit das Überleben riesiger Kastaniengebiete gefährdet. In den letzten Jahren, dank der Interaktion zwischen Landwirtschaft und Forschung, war es aber möglich, verschiedene Lösungen und Abwehrstrategien zu entwickeln, um einen gesunden Anbau dieser Kultur zu ermöglichen.

Das Insekt, das aus entomologischer Sicht den größten Schaden im Kastanienanbau verursacht hat, ist ohne Zweifel die **Japanische Kastanien-Gallwespe** (*Dryocosmus kuriphilus*). Es handelt sich um einen Hautflügler asiatischen Ursprungs, der 2002 versehentlich durch infiziertes Pflanzenmaterial nach Italien eingeschleppt und 2008 in Terlan erstmals in Südtirol gefunden wurde. Der Parasit ist artspezifisch und hat sich in den Kastaniengebieten der Region schnell ausgebreitet. Die Schäden, die das Insekt anrichtet, sind offensichtlich: Im Sommer legen die Weibchen ihre Eier in die Blatt- und gemischten Knospen ab, der Parasit überwintert im Larvenstadium in diesen Knospen und bewirkt im darauffolgenden Frühjahr die Bildung der charakteristischen Gallen, welche das Triebwachstum der Pflanze und die Fruchtbildung stark einschränken. In den letzten Jahren hat sich die biologische Bekämpfung als das wirksamste Mittel zur Einschränkung des Insekts erwiesen: Es wurde der *Torymus sinensis*, ein parasitoider Larven-Hautflügler der Gallwespe, aus den gleichen Ursprungsgebieten der Kastaniengallwespe eingeführt (Koevolution); dadurch war es möglich, die Population innerhalb von Schwellenwerten einzudämmen. Dank des Ministeriums für Landwirtschafts-, Ernährungs- und Forstpolitik (MiPAAF) wur-

Foto: Archiv Versuchszentrum Laimburg

**VERURSACHTE SCHÄDEN** *der Japanischen Kastanien-Gallwespe. Sichtbar ist der Parasitoid Torymus sinensis.*

Foto: Archiv Versuchszentrum Laimburg

**CYDIA FAGIGLANDANA** *(rote Larve) und* **CYDIA SPLENDADA** *(weiße Larve).*

den seit 2011 auch in der Provinz Bozen die geplanten Freisetzungen des Antagonisten mit sehr positiven Ergebnissen (Projekte LOBIOCIN, BIOINFOCAST) durchgeführt.

Innerhalb der Familie der *Lepidoptera tortricidae* richten die **drei Kastanien-Wickler** den größten Schaden an der Frucht an. Es wird unterschieden zwischen *Pammene fasciana* (Früher Kastanienwickler), *Cydia fagiglandana* (Mittlerer Kastanienwickler) und *Cydia splendana* (Carpocapsa oder Später Kastanienwickler). Die Weibchen der drei Arten legen in der Wachstumsphase ihre Eier auf den wachsenden Igeln ab und die Larven entwickeln sich dann auf dem Endosperm der heranwachsenden Frucht. Dies beeinträchtigt dessen Qualität und führt zu einem frühen Fruchtfall. Die *Pammene fasciana* besitzt einen schnelleren Entwicklungszyklus als die beiden anderen Wicklerarten, die für die Produktion als gefährlicher eingestuft werden. Auf nationaler Ebene wurden mit der Verwirrungsmethode mittels Pheromone relativ gute Ergebnisse erzielt. Allerdings erfordert diese Methode homogene Kastanienwälder mit einer Mindestgröße von 10 ha, die in Südtirol kaum vorhanden sind. Um den Bekämpfungserfolg zu steigern, ist es wichtig, die zu früh gefallenen Früchte aus dem Kastanienhain zu entfernen.

Ein weiterer Schädling, welcher stark in Süditalien, aber weniger im Trentino-Südtirol verbreitet ist, ist der Kastanienbohrer (*Curculio elephas*). Es handelt sich um einen Rüsselkäfer, der die Kastanien sowohl im Larven- als auch im Adultenstadium beschädigt. Die ausgewachsenen Insekten durchbohren den Igel und die Fruchtwand, um sich zu ernähren und ihre Eier abzulegen. Die Larven bohren Fraßgänge in die Frucht, weshalb diese frühzeitig herabfällt. Die Bekämpfungsmethoden bestehen aus denselben vorbeugenden Maßnahmen wie bei den bereits beschriebenen Wicklern.

Neben den genannten Insekten gibt es im Kastanienhain noch andere vereinzelt auftretende Schädlinge, die jedoch normalerweise kein Problem darstellen und nur in seltenen Fällen so große Populationen erreichen, dass sie wirtschaftliche Schäden verursachen und daher einen Eingriff rechtfertigen.

Weitere pilzliche Erreger können die Wurzeln und den Wurzelhals der Pflanzen, den Stamm, das Blattwerk oder die Früchte befallen. In den letzten Jahren ist auf nationaler und internationaler Ebene die **Tintenkrankheit** wieder zu einem aktuellen Problem geworden. Die Krankheitserreger sind die Oomyceten *Phytophtora cambivora* und *Phytophtora cinnamomi*. Die typischen Symptome sind nekrotische Bereiche, ausgehend vom Wurzelhals der Pflanze, sowie rotbraune Verfärbungen unter der Rinde. Außerdem wird das Blattwerk allgemein schütter und vergilbt. Die Krankheit tritt vor allem in verdichteten Böden und in nassen Talböden häufig auf. Deshalb ist es wichtig, Staunässe zu vermeiden sowie Verletzungen des Wurzelapparates (z. B. durch Aushubarbeiten usw.), damit einer Ausbreitung innerhalb des Kastanienhains vorgebeugt werden kann. In Südtirol bestehen derzeit dank der generell lockeren und durchlässigen Böden, der steilen Hänge und des geringen Drucks des Inokulums keine großflächigen Probleme,

Foto: Archiv Versuchszentrum Laimburg

**DIE TINTENKRANKHEIT**
*wird durch nasse Talböden unterstützt, (Sonnenberg Vinschgau).*

Foto: Giorgio Maresi, FEM

**GEHEILTER KASTANIENRINDENKREBS**
*durch natürlich verbreitete hypovirulente Pilzstämme auf kräftige Wurzelschosse.*

die auf die Gattung *Phytophtora* zurückzuführen sind. Die wenigen gemeldeten Fälle stehen fast immer im Zusammenhang mit der Wahl ungeeigneter Anbauflächen und einer nicht optimalen Bewässerungstechnik.

Eine weitere besonders heimtückische Krankheit für Kastanienbäume ist der **Kastanienrindenkrebs**, der durch den Pilz *Cryphonectaria parasitica* verursacht wird. Es handelt sich um ein typisches Wundpathogen, das Verletzungen jeder Art an der Rinde (z. B. Schäden durch Hagel, Frost, Mäharbeiten usw.) ausnutzt, um in die Wirtspflanze einzudringen und auf dem Kambiumgewebe sein Myzel zu entwickeln. Äußerlich sind die Krankheitssymptome als ziegelrote Vertiefungen in der Rinde erkennbar, die sich zu Krebs entwickeln. Wenn die Läsion den gesamten Umfang des betroffenen Pflanzenteils umhüllt (z. B. Zweig, Ast, Jungtrieb), trocknet der darüber liegende Teil schnell aus. Da die Pflanze nur oberflächlich betroffen wird, reagiert sie häufig mit dem Wuchs kräftiger Wurzelschosse, die anschließend gepfropft werden können. Durch die Verbreitung hypovirulenter Stämme dieses Erregers ist die Krebsgefahr im Laufe der Jahre erheblich zurückgegangen. Die Schutzfunktion dieser natürlichen Technik beruht darauf, dass die Pflanze nach einer Infektion mit diesen „harmlosen“ Stämmen in der Lage ist, diese zu isolieren und schnell zu vernarben. Dieser Vorgang schützt den Kastanienbaum teilweise vor einem Befall mit dem letalen *Cryphonectaria Pilz*. Eine regelmäßige Baumpflege (Baumschnitt) trägt zudem wesentlich zur Wiederherstellung eines optimalen phytosanitären Zustandes bei. Seit vielen Jahren führt der Landesforstdienst, im Einvernehmen mit den Besitzern der Kastanienhaine, Sanierungen und Rückschnitte der krebsbefallenen Pflanzen durch. Im Südtirol stellt der Krebs eine wahre Bedrohung für das Überleben junger Pflanzen dar, insbesondere wenn diese bereits biotische und abiotische Schäden aufweisen (Nährstoffmangel, Verletzungen, Dürre, Unkrautbefall usw.), während er bei erwachse-

nen Pflanzen (älter als etwa 30 Jahre) nur einzelne Zweige oder Bereiche davon befällt.
In den letzten Jahren ist eine weitere Pilzkrankheit aufgetreten, die während der Ernte und Lagerung der Früchte erhebliche Schäden verursacht hat. Es handelt sich um die **Braun- oder Kalkfäule**, die durch den Schlauchpilz *Gnomoniopsis castaneae* verursacht wird. Erstmals wurde sie in Italien im Jahr 2007 in der Provinz Cuneo (Piemont) gemeldet und hat in Südtirol vor allem im Jahr 2018 große Schäden verursacht. Im Kastanienhain ist der Pilz überall zu finden und wurde auf Sprossen, Gallen, Früchten und Igeln isoliert. Obwohl seine Biologie noch erforscht wird, scheint es, dass die Infektion der Pflanze bereits zum Zeitpunkt der Blüte erfolgt. Der Pilz ist in den meisten reifen Kastanien bereits anwesend und kann je nach Umgebungstemperatur, der er ausgesetzt ist, eine latente oder manifeste/erkennbare Form äußern. Hohe Temperaturen in den Wochen vor dem Fruchtfall scheinen die Entwicklung des Pilzes zu beschleunigen und verursachen dadurch bereits bei der Ernte erhebliche Schäden. Die direkte Bekämpfung des Pilzes mit synthetischen Fungiziden ist nicht durchführbar, weil keine synthetischen Wirkstoffe im Kastanienanbau in Italien zugelassen sind. Da die Kastanie eine unbehandelte Kulturpflanze ist, die oft in Waldgebieten zu finden ist, sind Pflanzenschutzbehandlungen nicht möglich und sollten in Zukunft auch nie als Bekämpfungsmöglichkeit in Anspruch genommen werden. Das einzige Mittel, um diese Fäulnis einzudämmen, ist die zügige Ernte und Verarbeitung des Produkts in Verbindung mit der Kühllagerung bei Temperaturen um die 0 °C. Aktuell werden im Versuchszentrum Laimburg und der Edmund-Mach-Stiftung von San Michele einige Versuche zur Eindämmung dieser Pathologie durch Eintauchen der Früchte in ein heißes Wasserbad (Thermoschock) und Kaltlagerung in kontrollierter Atmosphäre durchgeführt.
Zu erwähnen ist auch die durch die Pilze *Ciboria batschiana* und *Penicillium* verursachte **Schimmelbildung**, wenngleich sie in den letzten Jahren im regionalen Kastanienanbau kaum aufgetreten ist.

Foto: Archiv Versuchszentrum Laimburg

**BRAUN- ODER KALKFÄULE,**
*auch Gnomoniopsis castaneae genannt.*

# Kastanien in der Ernährung

## Nährwerte und Mythen

**DR. BARBARA BORZAGA** *promovierte in Ernährungs- und Lebensmittelwissenschaften an der Universität Perugia. Anschließend hat sie fast 10 Jahre lang ernährungsbedingte Krankheiten im Auftrag der Südtiroler Gesundheitsbehörde untersucht. Sie ist auch als freiberufliche Ernährungsberaterin tätig und schreibt Kolumnen für die Tageszeitungen „Alto Adige“ und „Trentino“.*

### KASTANIEN IN DER VERGANGENHEIT

Die Kastanie ist eine edle, nährstoffreiche Frucht, deren Tradition als Nahrungsmittel weit in die Vergangenheit zurückreicht, als sie als „Brot der Armen“ bezeichnet wurde. In Notzeiten war sie nämlich ein hervorragendes Grundnahrungsmittel für die Bauernfamilien. So ist es kein Zufall, dass bereits der griechische Historiker Xenophon (430–355 v. Chr.) die Edelkastanie den „Brotbaum“ nannte.

### WOZU KASTANIEN GUT SIND

Sie sind eine wertvolle Unterstützung für das Nervensystem: ihr Gehalt an Phosphor, Mineralstoffen und B-Vitaminen macht sie zur nützlichen Hilfe für das Nervensystem, da

Foto: IIDM Südtirol-Alto Adige/Clemens Zahn

## Edelkastanien sind sehr reich an:

- → **Ballaststoffen und Vitaminen,**
  vor allem Vitamin A, B1 (Thiamin), B2 (Riboflavin), B3 (Nicotinsäure), B5, B6, B9 (Folsäure), B12, C und D.
- → **Komplexen Kohlenhydraten,**
  die sie zu einem besonders nachhaltigen Nahrungsmittel machen, das als Getreideersatz dienen kann.
- → **Aminosäuren,**
  darunter Asparaginsäure, Glutaminsäure, Arginin, Serin und Threonin.
- → **Mineralstoffen,**
  Kalium, Phosphor, Schwefel, Natrium, Magnesium, Kalzium, Chlor.

sie die Aufmerksamkeit und das Gedächtnis steigern. Daher sind Kastanien besonders für Personen geeignet, die stressintensive Zeiten erleben und unter Ängsten oder Depressionen leiden.
Sie wirken der Blutarmut entgegen: Kastanien enthalten viel Eisen. Am besten werden sie zusammen mit Lebensmitteln eingenommen, die reich an Vitamin C sind, um die Eisenaufnahme zu erleichtern und so einer Anämie erfolgreich entgegenzuwirken.
Sie sorgen für eine gute Energiezufuhr: ihr Reichtum an vielen Nährstoffen macht sie besonders beim Jahreszeitenwechsel und im Frühherbst sehr wertvoll, wenn unser Organismus einen Energieschub braucht. Aus demselben Grund werden Kastanien in der Zeit der Genesung von einer Krankheit (z. B. nach einem grippalen Infekt) empfohlen.
Sie sorgen für das reibungslose Funktionieren des Herz-Kreislauf-Systems und sind cholesterinfrei. Kastanien haben einen hohen Anteil an Omega-3- und Omega-6-Fettsäuren, diese beeinflussen die Herzfunktion und den Blutdruck positiv. Gleichermaßen ist die Frucht bestens geeignet, um Krampfadern, Venenentzündungen und Gefäßbrüchigkeit entgegenzuwirken – und sie hilft, den Cholesterinspiegel zu senken.
Edelkastanien enthalten kein Gluten und sind daher eine geeignete Alternative für

Menschen, die an Zöliakie oder Glutenunverträglichkeit leiden.
Sie fördern die Darmtätigkeit. Dank des hohen Ballaststoffgehalts tragen sie zum reibungslosen Funktionieren des Verdauungstraktes bei und wirken Verstopfung entgegen. Gut gekocht sind Edelkastanien ein bestens verdauliches Nahrungsmittel.

**KASTANIEN UND SCHWANGERSCHAFT**

Sie unterstützen Frauen in der Schwangerschaft. Der hohe Gehalt an Folsäure macht sie zu nützlichen Helfern in der Schwangerschaft, weil so Fehlbildungen des Fötus, wie Spina bifida, vorgebeugt werden kann.

**EIN ALTES HAUSMITTEL**

Edelkastanien haben eine natürliche antibakterielle Wirkung. Kastaniensud wird als natürliches Heilmittel für verschiedene Erkältungssymptome und -pathologien eingesetzt, während das natürliche Extrakt aus den Blättern antibakterielle Eigenschaften zur Bekämpfung von Keimen und Bakterien aufweist und wegen seiner schleimhautberuhigenden Wirkung auch als Hausmittel gegen Bronchialhusten eingesetzt wird.

**KOSMETIK UND WELLNESS**

Die Antioxidantien der Kastanie können im kosmetischen Bereich genutzt werden: Im Herbst profitiert die von der Sonne der Sommermonate gestresste und von Temperaturschwankungen irritierte Haut von den regenerativen und revitalisierenden Eigenschaften der Frucht.
Besonders nützlich sind in diesem Bereich die entlastenden und belebenden Packungen, die der Haut ihre Strahlkraft wiedergeben, sowie die adstringierenden und desinfizierenden Masken gegen übermäßige Absonderung von Hauttalg. Auch gibt es viele nährstoffreiche und wundheilende Behandlungen auf Kastanienbasis, vor allem in Verbindung mit den hervorragenden Eigenschaften von Thermalwasser.
Interessant sind auch die Wellnessbehandlungen für den ganzen Körper: Scrubs, welche die Haut auf eine Massage vorbereiten, Behandlungen und Bäder mit Kastanienemulsionen, um Wassereinlagerungen zu bekämpfen. Die Frucht ist auch ein gutes Hilfsmittel zur Behandlung von ausgefranstem und stumpfem

Starke Kastanie: Sie kann der Haut Strahlkraft wiedergeben, wirkt hilfreich gegen Wassereinlagerungen und verleiht ausgefranstem, stumpfem Haar wieder intensive Reflexe.

Foto: IDM Südtirol-Alto Adige/Damian Pertoll

**TRADITION**
*Gebratene Kastanien gehören schon seit langer Zeit zur Südtiroler Törggelesaison.*

Haar, dem der Kastanienextrakt intensive Reflexe verleiht.

## DIE KALORIEN DER KASTANIEN

Kastanien sind ziemlich kalorienreiche Früchte: frisch und ohne Schale enthalten sie etwa 200 Kalorien auf 100 Gramm. Essen wir sie jedoch gekocht, sinkt der Wert auf 120 kcal. Die gebratenen Marroni verlieren gegenüber der frischen Frucht aber wenige Kalorien: 193 kcal auf 100 Gramm.

Es handelt sich bei der Kastanie allerdings um einen extremen Sattmacher, sodass auch jene, die Diät halten, sie unter Berücksichtigung der nötigen Vorkehrungen zu sich nehmen können.

Die Frucht der Kastanie weist keine besonderen Gegenanzeigen auf: der erhöhte Stärkeanteil kann Menschen, die an Diabetes, Übergewicht oder Reizdarm leiden, Probleme bereiten. Der hohe Tanningehalt kann zur Ablagerung von Giftstoffen führen, welche die Leber belasten: wer an Erkrankungen dieses Organs leidet, darf Kastanien nur in mäßigen Mengen verzehren.

## KURIOSES UND MYTHEN

Im Mittelalter galt die Kastanie als Aphrodisiakum, vor allem in gekochter Form oder in Wein eingelegt. Diese Zuschreibung ist wahrscheinlich ihrer Form geschuldet, die einem Hoden ähnelt. Auch der Volksglaube befasst sich mit der Frucht, vor allem mit dem Aufbrechen der Schale in der Form eines Kreuzes: eine uralte Legende erzählt von einem kleinen Bergdorf, dessen arme Bewohner Hunger litten und zu Gott beteten, damit er ihnen etwas zu essen zukommen ließe. Der Herr erhörte ihre Gebete und sandte ihnen eine Pflanze, die nahrhafte Früchte hervorbrachte: die Kastanie. Der Teufel wurde dessen aber gewahr und hüllte die Früchte in eine stachelige Schale, damit die Menschen sie nicht pflücken konnten. Niedergeschlagen wandten sich die Dorfbewohner erneut an Gott, der daraufhin zur Erde herabstieg und in ihrer Mitte das Kreuzzei-

chen machte – wie durch ein Wunder öffneten sich die Kastanienigel. Seit diesem Tag öffnen sie sich immer in einem kreuzförmigen Spalt, sobald sie reif sind.
In Sizilien erzählt man sich die Legende des „Kastanienbaums der Hundert Pferde", eines mehrere Jahrtausende alten Baums, der sich im Park des Ätna befindet und angeblich zwischen zwei- und viertausend Jahre alt ist, über einen Stammumfang von 22 Metern verfügt und ebenso hoch ist. Dieser majestätische Baum soll bereits Königin Johanna I. von Aragon Schatten gespendet haben, als diese mit ihrer Gefolgschaft von hundert Rittern, Hofdamen und ihren Rössern auf einer Jagdpartie in der Nähe des Baumes von einem Gewitter überrascht wurde. Ausgerechnet unter seiner Krone fand sie mitsamt ihrem zahlreichen Hofstaat Schutz. Das Gewitter dauerte lange an und so verbrachte die Königin die ganze Nacht unter dem Laubwerk des Kastanienbaums, und zwar in Gesellschaft eines oder gar mehrerer Liebhaber, die sich unter den Rittern in ihrem Gefolge befanden.

**EINE JAHRHUNDERTE ALTE LEGENDE**

*Noch heute spricht man von Königin Johanna I. von Aragon und der Nacht unter dem Kastanienbaum.*

Illustration: EvA Plattner

**AUSSCHNITT** *aus einem Medizinbuch aus dem Mittelalter.*

Bild: Aus dem Buch KASTANIEN IM SÜDLICHEN TIROL von Siegfried W. de Rachewiltz, Archiv Johann Laimer

**BEREITS IM MITTELALTER** *wurde die Kastanie als Heilmittel geschätzt.*

Bild: Aus dem Buch KASTANIEN IM SÜDLICHEN TIROL von Siegfried W. de Rachewiltz, Archiv Johann Laimer

# Edelkastanien in der **Südtiroler Küche**

Im Herbst ist die Edelkastanie ein allseits beliebter, fester Bestandteil der Südtiroler Küche. Über dem Feuer geröstet, gekocht oder im Backofen gebacken, einzeln verzehrt oder weiterverarbeitet – die Verwendungsmöglichkeiten der Edelkastanie in der Küche sind sehr vielfältig.

Die einfachste und verbreitetste Art der Zubereitung ist das Rösten der Kastanien über dem offenen Feuer oder am Herd. Hierfür sollten die Kastanien an der gewölbten Seite kreuzweise eingeritzt werden, um ein Aufplatzen zu vermeiden. Dadurch lassen sie sich später auch besser schälen. Während der Herbstmonate gehören geröstete Kastanien beim traditionellen Törggelen einfach dazu und abseits davon werden sie ebenfalls sehr geschätzt. Die Edelkastanien können auch im Backofen gebacken werden: Nachdem sie eingeritzt wurden, rösten sie für 20–30 Minuten im Backofen bei 180 °C. Alternativ können Edelkastanien gekocht werden, ein Einritzen ist hier nicht nötig. Nachdem sie für ca. 30–40 Minuten gekocht haben, kann das Fruchtfleisch leicht herausgelöffelt werden. Dieses lässt sich anschließend sehr einfach weiterverarbeiten, sowohl für süße als auch für herzhafte Speisen.

Edelkastanien sind vor allem für Nachspeisen, beispielsweise in Torten, Eis oder als Kastanienherzen, beliebt, aber auch als Zutat in Suppen, Nudelgerichten und Eintöpfen finden sie immer mehr Beachtung. Auf den folgenden Seiten werden einige Kastanienrezepte vorgestellt, die freundlicherweise vom Hoteliers- und Gastwirteverband (HGV) zur Verfügung gestellt wurden.

Foto: Annelies Leitner

# Kastanienspätzle

**ZUTATEN (für 4 Personen)**
- → 200 g Kastanienmehl
- → 200 g Dinkel-Vollkornmehl
- → 4 Eier
- → 200 ml Vollmilch
- → 1 TL Salz
- → 2 EL Butter
- → 1 fein gehackte Zwiebel
- → Wasser

**EISACKTALER WEINEMPFEHLUNG**
Veltliner, Weingut Garlinder, Feldthurns

**REZEPT VON**
Alex Pfattner
Hotel Taubers Unterwirt, Feldthurns

**ZUBEREITUNG**
1. Kastanien- und Dinkelmehl, Eier, Milch und Salz in einer Schüssel glattrühren.
2. Zudecken und 30 Minuten quellen lassen.
3. Genügend Salzwasser aufkochen und den Teig mit einer Spätzlehobel ins kochende Wasser schaben.
4. 2–3 Minuten köcheln lassen und sobald die Spätzle an die Oberfläche steigen, diese mit dem Schaumlöffel herausnehmen und in einem Sieb kalt abspülen. Trocknen lassen.
5. Die Zwiebel in heißer Butter anschwitzen. Die Spätzle und Petersilie dazugeben und in der Butter schwenken.

Foto: Rapid Bruneck

# Kastanienschmarren

**ZUTATEN (für 1 Portion)**

- → 50 g Kastanienpüree (gekochte und pürierte Kastanien)
- → 50 g Butter
- → 80 g Zucker
- → 80 ml Milch
- → 2 Eigelb
- → 3 Eiweiß

**EISACKTALER WEINEMPFEHLUNG**

Nectaris Kerner Passito,
Eisacktaler Kellerei, Klausen

**Tipp:** *Sie können den Kastanienschmarren mit Vanilleeis und Preiselbeermarmelade servieren.*

**ZUBEREITUNG**

1. 30 g Butter und 2 Esslöffel des Zuckers in einer Pfanne karamellisieren, danach die Milch dazugeben und leicht köcheln lassen, bis sich der karamellisierte Zucker löst.
2. Vom Herd nehmen und das Kastanienpüree unterrühren.
3. Die Eigelb mit dem restlichen Zucker schaumig schlagen und die Kastanienmasse einrühren.
4. Zum Schluss das Eiweiß mit etwas Zucker steif schlagen und vorsichtig unter die Teigmasse heben.
5. In einer großen Pfanne etwas Öl erhitzen, den Schmarrenteig eingießen und die Unterseite goldgelb backen, dann umdrehen.
6. Anschließend die Pfanne in das vorgeheizte Backrohr schieben und bei 180 Grad etwa 5 Minuten backen.
7. Danach wird der Kastanienschmarren mit zwei Gabeln in Stücke gerissen.
8. Auf dem Teller anrichten, mit etwas Staubzucker bestreuen und sofort servieren.

Foto: HGV Bozen

# Kastaniensuppe

**ZUTATEN (für 4 Personen)**

→ 1 Zwiebel
→ 2 EL Öl
→ 250 g geschälte, gekochte Kastanien
→ 100 ml Weißwein
→ 400 ml Gemüsebrühe
→ 200 ml Sahne
→ Salz
→ Pfeffer
→ Muskat
→ Zimt
→ Schnittlauch

**REZEPT VON**

Jürgen Baldauf
Alpenrose's Dining & Living, Brixen

**ZUBEREITUNG**

1. Zwiebel schälen, in kleine Würfel schneiden und im Öl goldgelb andünsten.
2. Geschälte, gekochte Kastanien halbieren, zur Zwiebel dazugeben und mitdünsten.
3. Mit Weißwein ablöschen und kurz einkochen lassen.
4. Mit der Gemüsebrühe aufgießen und 20 Minuten bei niedriger Hitze köcheln lassen.
5. Sahne dazugeben, mit Salz, Pfeffer, Muskatnuss und Zimt abschmecken und weitere 5 Minuten köcheln lassen.
6. Suppe mit dem Stabmixer pürieren und mit Zimt und Schnittlauch garnieren.

Foto: HGV Bozen

# Kastanienherzen

**ZUTATEN (für 4 Stück)**
- → 200 g Kastanien
- → Wasser
- → 50 g Zuckersirup
  (25 g Zucker + 25 g Wasser aufkochen und dann abkühlen lassen)
- → 200 g Zartbitterschokolade
- → 120 g Schlagsahne

**ZUBEREITUNG**
1. Die Kastanien ungeschält in einen Topf mit Wasser geben und für ca. 30–40 Minuten weichkochen. Von der Flamme nehmen und schälen.
2. Die geschälten Kastanien mit dem Zuckersirup im Mixer oder mit dem Pürierstab zu einer cremigen Masse pürieren. Masse kühl stellen.
3. Kleine Kugeln zu ca. 50–60 g formen, etwas flach drücken und mit den beiden Zeigefingern die Spitze vom Herz formen.
4. Die Zartbitterschokolade im Wasserbad schmelzen: zunächst 2/3 der Menge schmelzen lassen. Die Masse von der Wärmequelle nehmen, den Rest der Schokolade hinzugeben und unter ständigem Rühren schmelzen lassen (Temperieren der Schokolade).
5. Die Kastanienherzen mithilfe einer Gabel mit der Spitze voran in die Kuvertüre tauchen und dabei das obere Ende frei lassen. Die Schokolade trocknen lassen.
6. Inzwischen die Sahne steifschlagen, in einen Spritzbeutel mit Sterntülle füllen und auf die Kastanienherzen aufspritzen.
7. Die restliche Kastanienmasse durch eine Kartoffelpresse drücken und das obere Ende der Kastanienherzen dekorieren.

**REZEPT VON**
Paul Wojnar
Cafè Konditorei Peter, Bozen

# Bedeutung für
# Flora und Fauna

***WALTER ECCLI** ist in mehreren Vereinen im Bereich Naturschutz aktiv und setzt sich dort vor allem für den Schutz der Waldhühner und anderer gefährdeter Vogelarten ein. Er war 37 Jahre lang im Agrarinstitut von San Michele tätig.
**RAINER PLONER** ist Leiter des Forstinspekotrates Bozen I, das in den letzten Jahren im Unterland und Überetsch Revitalisierungen von Kastanienhainen durchgeführt hat.*

## NAHRUNG UND SCHUTZ

Kastanienhaine sind wichtige und nützliche Übergangsbereiche zwischen intensiv genutzter Landschaft (Wein- und Obstbau) und dem Wald. Viele Tierarten profitieren von dieser besonderen Situation und finden dort auf relativ engem Raum unterschiedliche Lebensräume und ökologische Nischen. Unter den verschiedenen Tierarten, welche dort über Nahrung und Schutz verfügen, kann man sowohl Waldbewohner als auch Freilandarten vorfinden.

## FAVORIT DER VÖGEL

Was die Vogelarten anbelangt, kommen dort Nachtgreifer, wie der Waldkauz, vor (ein wichtiger natürlicher Feind der Feldmäuse) und

▲ **SCHWARZSPECHT**

**WENDEHALS**, *ein Spechtverwandter.* ▲

**WIEDEHOPF** *mit Insekt.* ▲

Spechte, wie der Schwarz-, Grün- und Buntspecht, welche das ganze Jahr im Kastanienhain zu sehen sind.
Der Wendehals, ihr Verwandter, lässt sich hingegen nur im Frühjahr und Sommer dort beobachten, weil er den Winter in wärmeren Ländern verbringt. Auch der schöne Wiedehopf mit seiner typischen Haube und der kräftige Kleiber sowie der Baumläufer sind dort anzutreffen.
Sperber und Habicht sind ebenfalls präsent, denn die lichten Kastanienhaine stellen für sie ideale Jagdgebiete dar (vor allem Eichelhäher, Amseln, Drosseln, Ringeltauben und auch Eichhörnchen gehören zu ihren Beutetieren).

Fotos: Roman Guadagnini / Zeichnung: Rainer Ploner

**BLAUMEISE** ▲

**SCHWARZSPECHT**, *männlich.* ▲

**GRÜNSPECHT**, *männlich.* ▲

Fotos: Walter Eccli und Rainer Ploner

Daneben kommen viele Singvögel vor, welche für die Brut Höhlen benutzen, die besonders für die alten, knorrigen Kastanienbäume typisch sind. Oft werden auch alte Spechthöhlen benutzt. Am häufigsten kommen hier Meisen vor.

Aber die Höhlen sind nicht nur Brutplatz für Vögel, sondern auch für Fledermäuse, Insekten (Bienen, Wespen, Hornissen), Siebenschläfer, Eichhörnchen und viele andere. Die besondere Flora, die dort vorkommt, zieht außerdem verschiedene Schmetterlingsarten an.

### BIODIVERSITÄT DANK DER EDELKASTANIE

Dieser wichtige Übergangsbereich bietet aber auch Deckung und Nahrung für Feldhasen, Igel, Marder, Fuchs, Reh- und Rotwild. Vor allem die nahrhaften Kastanien im Herbst ziehen sie an. Man kann also wohl mit Recht behaupten, Kastanienhaine sind nicht nur ein nützlicher Nebenerwerb für den Bauern, sondern leisten auch einen wichtigen Beitrag für die Biodiversität in der Kulturlandschaft.

FELDHASE ▲

FLEDERMAUS ▲

SIEBENSCHLÄFER ▲

Fotos: Roman Guadagnini / Zeichnung: Rainer Ploner

# Kastanienwälder als vielfältige, ertragreiche Ökosysteme

## Eine Studie

*Dr.ssa* VALÉRIE BOSSI FEDRIGOTTI, *PhD Wirtschaftsagronomin, Forschungsdoktorat an der Freien Universität Bozen zum Thema Kastanienhaine.*

**KASTANIENHAIN: EIN ANTHROPOGENES ÖKOSYSTEM**

Die Edelkastanie (*Castanea sativa Mill.*) wurde im 1. Jahrhundert n. Chr. von den Römern in ganz Mittel- und Südeuropa verbreitet, mit dem doppelten Ziel, nahrhafte Früchte und aus ihrem Holz Pfähle für Weinberge zu gewinnen.

Der Kastanienanbau in Südtirol begann jedoch erst in „jüngerer" Zeit, d. h. um das 13. bis 14. Jahrhundert, und begründete eine lange und blühende Kastanienkultur. Der Wettbewerb mit anderen, fortschrittlicheren Kastanienregionen, die Ablösung der Kastanie als Grundnahrungsmittel durch alternative Kulturen wie Mais und Kartoffeln sowie

Foto: Archiv Versuchszentrum Laimburg

**KASTANIENWALD** *im Herbst.*

die fortschreitende Industrialisierung waren schließlich die Hauptursachen dafür, dass im 18. Jahrhundert eine langanhaltende Phase des Niedergangs begann.

Traditionelle Kastanienhaine in Südtirol gehören heute zu den wenigen traditionellen Landnutzungssystemen, die die Modernisierung (und Mechanisierung) teilweise überlebt haben; daher wird die Notwendigkeit von Maßnahmen zur Wiederherstellung von Kastanienhainen immer wichtiger, bevor die Aufgabe eine unumkehrbare Dynamik erfährt. Die Kastanienwälder in Südtirol befinden sich derzeit in steilen, oft schwer zugänglichen Hanglagen, was jede agronomische Maßnahme kostspielig und zeitaufwendig macht. Nichtsdestotrotz gilt der Kastanienbaum als Mehrzweckbaum, der gleichzeitig Früchte, Holz und, wenn er auf offenem Land steht, zusammen mit dem gesamten Ökosystem sogar Weideflächen liefern kann.

Die Definition einer traditionellen Kastanienplantage, die in dieser Studie verwendet wird, ist daher sehr einfach: eine bestimmte Anzahl von veredelten Kastanienbäumen, die in einem offenen Bestand verstreut sind, in

dem das Gleichgewicht zwischen Licht und Schatten das Wachstum der jüngeren Bäume ermöglicht und gleichzeitig eine gewisse Entlastung für die weidenden Schafe in heißen Sommern gewährleistet. Die strukturelle Kombination von Elementen, die zwei verschiedenen Ökosystemtypen angehören, nämlich offenen Wiesen und Wäldern, bereichert dieses agroforstliche System mit ökologischen Synergien, d. h. mit der Erhöhung der Artenvielfalt von Pflanzen und Tieren.
Ziel dieser Studie ist es, die öffentliche Zahlungsbereitschaft (ZB) für wiederhergestellte traditionelle Kastanienhaine zu ermitteln, die neben den Früchten auch andere, nicht vermarktete Vorteile, wie kulturelle Aspekte, ästhetische Elemente und die Verbesserung der biologischen Vielfalt, bietet. In der vorliegenden Studie soll auch untersucht werden, ob die Verbindung der wichtigsten Versorgungsleistung von Kastanienplantagen mit dem Herbst zu einer Verzerrung führt, wenn die Verbraucher ihre Präferenzen für das gesamte Ökosystem bewerten. Darüber hinaus wird auch der Einfluss der Herkunft der Befragten (d. h. Einheimische versus Touristen) auf das Auslöseverhalten berücksichtigt. Die Ergebnisse könnten wichtige Erkenntnisse für künftige Entscheidungen im Bereich der Raumplanung liefern und als Ausgangspunkt für die Einführung von Instrumenten zur monetären Belohnung von Kastanienbauern dienen.

## ANSATZ DER ÖKOSYSTEMLEISTUNGEN

In den letzten zehn Jahren wurden intensive Forschungsanstrengungen unternommen, um Methoden zur Bewertung des Nutzens zu entwickeln, den die Gesellschaft aus natürlichen Ressourcen und biologischer Vielfalt zieht. Gleichzeitig wurde das Konzept der Ökosystemleistungen angewandt, um Landnutzungsänderungen und ihre Folgen für die bio-

Die Definition einer traditionellen Kastanienplantage: eine bestimmte Anzahl von veredelten Kastanienbäumen, die in einem offenen Bestand verstreut sind, in dem das Gleichgewicht zwischen Licht und Schatten das Wachstum der jüngeren Bäume ermöglicht und gleichzeitig eine gewisse Entlastung für die weidenden Schafe in heißen Sommern gewährleistet.

logische Vielfalt zu bewerten. Die Bedeutung einzelner Ökosystemleistungen auf lokaler Ebene wurde jedoch erst kürzlich untersucht. Obwohl der Fluss von Ökosystemleistungen und ihre Kompromisse in Bezug auf traditionelle Landnutzungssysteme in den letzten Jahren untersucht wurden, fehlen Daten und Studien zu Ökosystemleistungen im Zusammenhang mit Kastanien.

Dennoch stimmen alle Studien über die Kastanie mit der Definition der Kastanie als multifunktionales Ökosystem überein und sind daher in der Lage, eine breite Palette von Dienstleistungen zu erbringen. Die Ökosystemleistungen der Kastanie können auch der TEEB-Klassifizierung folgen und demzufolge mehrere Versorgungsleistungen (Früchte, Holz und Biomasse, Weideflächen, essbare Pilze, Honig, Waldstreu, Beeren und Tannin), Regulierungsleistungen (Bestäubung, Kohlenstoffbindung, Risikominderung), kulturelle Leistungen (Ortssinn, Identität, Erholung, Ästhetik, historischer Wert) sowie einen Lebensraum darstellen, der das Leben unterstützt und ein hohes Maß an biologischer Vielfalt bewahrt.

Foto: IDM Südtirol-Alto Adige/Peter von Felbert

**DER KALTERER SEE** *ist eines der bekanntesten Wahrzeichen Südtirols.*

## MATERIALIEN UND METHODEN: DAS UNTERSUCHUNGSGEBIET

Die Autonome Provinz Bozen (Südtirol) liegt in den Ostalpen, in der nördlichsten Region Italiens, und umfasst eine Fläche von 7.400 $km^2$. Die Gebirgsketten, die Südtirol umgeben, erzeugen in der Mittelgebirgskette ein subkontinentales Klima mit relativ milden Temperaturen (~4°C) und relativ geringen Niederschlägen (~1000 mm) für eine alpine Umgebung. Der südliche Teil der Provinz unterliegt weniger dem Einfluss der umliegenden Berge und ist durch submediterrane Einflüsse gekennzeichnet, einschließlich des Anbaus von wärmeliebenden Arten wie Flaumeiche, Hopfenbuche und Kastanie.

Die Kastanienwälder in Südtirol liegen zwischen 500 und 1200 m ü. M. in den exponierten Hängen rund um Bozen, entlang des Etschtals, des Eisacktals und des Vinschgaus. Bislang können die Kastanienbauern in Südtirol noch auf öffentliche Zuschüsse zählen, um ihre traditionellen Haine aktiv zu erhalten und deren Verlust zu vermeiden, wie die Landschaftsabteilung der Provinz Bozen deutlich berichtet.

Um die kulturelle Komponente der Kastanienwälder aufzuwerten und zu fördern, hat die Provinz Bozen in der Nähe von Bozen, im Eisacktal und in Völlan (Burggrafenamt), zwei kostenlose Themenwege eingerichtet. Diese Wege unterscheiden sich sowohl in ihrer Zielsetzung als auch in den angebotenen Dienstleistungen deutlich: der erste führt über 60 km und bietet neben der Möglichkeit, Kastanien direkt bei den Bauern zu kaufen und zu verkosten, auch landschaftliche Schönheit und ästhetische Elemente; der zweite (ca. 4 km) verfolgt ein pädagogisches Ziel, indem er didaktische Aktivitäten und interaktive Informationen über Kastanienbäume und die biologische Vielfalt der Kastaniengebiete

Foto: Effekt/Lisa Plattner

**DER KASTANIEN-ERLEBNISWEG** *oberhalb von Lana führt in die Welt der Edelkastanie und der Kastanienbäume ein.*

> *„Die Kastanienhaine werden von den Bäuerinnen und Bauern das ganze Jahr über fleißig gepflegt und sind ein Mehrwert für unser Landschaftsbild. Die Wege durch und entlang der gepflegten Kastanienhaine sind zu jeder Jahreszeit einen Ausflug wert."*
>
> *Andreas Lamprecht*
> *Kastanienverein Jenesien*

bietet. Beide Wanderwege werden von Fremdenverkehrsämtern gefördert.

Das Programm zur Entwicklung des ländlichen Raums sieht darüber hinaus eine Maßnahme zur Wiederherstellung von Kastanienbeständen vor, d. h. die Beseitigung von invasiver Strauchvegetation, Beschneidung, Verpflanzung und Neuanpflanzung. Die Zukunft dieser finanziellen Belohnungen bleibt jedoch ungewiss. Das Risiko der Aufgabe ist daher nach wie vor hoch – auch wenn eine frühere Studie, die 2011–2012 durchgeführt wurde, ein wachsendes Potenzial für den lokalen Kastanienmarkt aufzeigte, indem sie die Wertschätzung der Kastanienqualität überprüfte und mindestens eine gut funktionierende Teilregion identifizierte, in der künftige Handelsstrategien in Angriff genommen werden sollten. Leider ist es schwierig, die genaue Hektarzahl der aktiven Kastanienplantagen zu ermitteln, da die von den beiden zuständigen amtlichen Überwachungsstellen vorgelegten Daten widersprüchlich sind; daher kann eine Schätzung der tatsächlichen Fläche von 200–300 ha als realistisch angesehen werden.

## BEWERTUNGSANSATZ: DAS CHOICE-EXPERIMENT

Ein „Choice-Experiment" wurde durchgeführt, um die öffentliche Zahlungsbereitschaft für den Zugang zu einem Kastanienhain zu schätzen, der in der Lage ist, eine bestimmte Anzahl von Ökosystemleistungen, d. h. Nutzen für die gesamte Gesellschaft, zu erbringen. Die Daten werden mit Hilfe eines Fragebogens erhoben, in dem die Befragten aufgefordert werden, aus einer Reihe von Optionen zu wählen, die das zu bewertende Produkt (oder die zu bewertende Dienstleistung) in verschiedenen Konfigurationen darstellen. Diese Methode ist für die Bewertung von Umweltgütern geeignet, da sie es ermöglicht, auch indirekte Nutzungswerte und Nichtnutzungswerte auszudrücken, die mit der Schaffung des Gesamtwerts übereinstimmen.

## AUFBAU UND STRUKTUR DES FRAGEBOGENS

Im Rahmen der Studie wurden den Befragten hypothetische Besichtigungen einer Kastanienplantage vorgelegt, die durch fünf Hauptattribute beschrieben wurden **(Tabelle 1)**, die nach mehreren Interviews mit lokalen und internationalen Kastanienexperten ermittelt wurden: Landschaft, biologische Vielfalt, didaktische Unterstützung, Früchte und Preis. Die biologische Vielfalt und die didaktische Unterstützung bestehen aus drei Stufen, die Attribute Landschaft und Früchte aus zwei. Die Verbesserung jedes Attributs von Stufe 1 auf Stufe 2 und dann möglicherweise auf Stufe 3 soll eine Qualitätsverbesserung bedeuten.

**Tabelle 1:** Verwendete Attribute und Stufen

| Attribute | Stufen |
|---|---|
| Landschafts-struktur | 1. Offene Bestände; wenige Bäume, viel Licht<br>2. Geschlossene Bestände; viele Bäume, weniger Licht |
| Arten-vielfalt | 1. Vorhandensein von wenigen Arten<br>2. Vorhandensein von mehr Arten (nur gewöhnliche Arten)<br>3. Vorhandensein von mehr Arten (gewöhnliche und seltene Arten) |
| Didaktische Unter-stützung | 1. Einfache Informationstafeln<br>2. Interaktive 3D-Unterstützung und Multimedia<br>3. Persönlicher Führer |
| Früchte | 1. Mischung von nicht ausge-wählten Sorten<br>2. Ausgewählte Sorten |
| Eintritts-preis | 1 €, 2 €, 5 € (pro Person) |

**Landschaftsstruktur**

Der Lebensraum, den ein agroforstliches Ökosystem bietet, weist sehr charakteristische Merkmale auf, da Elemente offener Ökosysteme, wie Wiesen und Weiden, auf Elemente bewaldeter Ökosysteme treffen. Verstreute Bäume in offenen Beständen tragen zur Gestaltung der Landschaft in einem typischen Mosaik-Aspekt bei, der ästhetisch sehr geschätzt wird.

Veredelte Kastanienbäume und beweidetes Offenland sind daher die allgegenwärtigen Bestandteile solcher Ökosysteme. Ihre Anteile können sich jedoch je nach Art der Bewirtschaftung und je nach Bedürfnis der Landbewirtschafter ändern. In dieser Studie haben wir zwei Grade der Baumdichte berücksichtigt. Neu angelegte und sehr alte Kastanienhaine weisen weniger Bäume und breitere Weiden auf; im Gegensatz dazu sind die Bäume in regelmäßig bewirtschafteten Plantagen dichter, da neue Pflanzen gesetzt werden, um die Obstproduktion zu steigern und alte und/oder beschädigte Bäume zu ersetzen.

**Artenvielfalt**

Bewirtschaftete Streuobstwiesen und bewirtschaftete Niederwaldflächen in der Landschaft sind für viele Vogelarten von Vorteil, sowohl für häufig vorkommende als auch für seltene Arten. Die höchste Stufe der Biodiversität wird durch das Symbol eines bekannten Bewohners traditioneller Kastanienwälder dargestellt, nämlich des Wiedehopfs, der auch als gefährdete Vogelart gilt, d. h. auf der regionalen Roten Liste steht, und dank seiner leicht erkennbaren Form eine gute Flaggschiffart für offene und halboffene Agroforst-Ökosysteme darstellt. Das bedeutet, dass der Wiedehopf hier als Dachart zu betrachten ist, die die gesamte Tier-, Pflanzen- und Ökosystemvielfalt vereint.

**Didaktische Unterstützung**

Information ist die Art und Weise, wie der pädagogische und kulturelle Wert hier ausgedrückt wird. Da verschiedene Arten von Informationen ein wichtiges Merkmal bestehender Kastanienlehrpfade sind, z. B. „Sentiero del Castagno" in der Südschweiz und „Kastanienerlebnisweg" in Südtirol, wurde die didaktische Unterstützung als eines der Attribute angenommen und in drei Stufen unterteilt, von sehr einfachen Informationstafeln und Schildern bis hin zu interaktiven 3D- und Multimedia-Tools.

Als dritte und höchste Stufe wurde die Anwesenheit eines persönlichen Führers angenommen, der den Besucher entlang des Pfades durch eine Art Freilichtmuseum oder Naturpark führt.

**Früchte**

Kastanien sind die wichtigste Versorgungsleistung und daher der von Landwirten und Verbrauchern am häufigsten wahrgenommene Nutzen. Trotz der Größe des nationalen Kastaniensortiments, d. h. mehr als 300 in Italien bekannte Sorten, bauen nur 20 % der Südtiroler Kastanienbauern bewusst eine bestimmte Sorte an.

Das bedeutet, dass man auf lokaler Ebene bei einem Spaziergang durch Kastanienhaine häufiger eine Mischung aus teilweise unbekannten Sorten findet als Marroni oder andere wertvolle, ausgewählte Sorten, die sich durch Größe, Geschmack oder Resistenz gegen Schädlinge auszeichnen könnten. Die Früchte können bisher in den örtlichen Buschenschänken oder an improvisierten Ständen entlang der Themenwege gekauft und verkostet werden; freies Sammeln vom Boden ist streng verboten.

**Eintrittspreis**

Der Eintrittspreis ist in Euro (€) angegeben und versteht sich pro Besucher. Die Wahl, das Preisattribut durch eine Eintrittsgebühr und nicht durch eine Erhöhung der Steuern auszudrücken, wie es in ähnlichen Erhebungen häufig der Fall ist, wurde getroffen, weil die aktuelle Studie im Allgemeinen mit anderen Studien zum Besuch von Schutzgebieten oder Naturparks übereinstimmt.

Auf diese Weise ist keine Unterscheidung zwischen Touristen und Einheimischen durch Zahlungsmittel erforderlich.
Die Befragten mussten sich sechs Auswahlsets mit jeweils drei nicht gekennzeichneten Alternativen plus der „Keine-von-diesen-Alternative“ stellen. Sie wurden gefragt, welche der verschiedenen vorgestellten Touren sie wählen würden. Ihre Antworten wurden zur Schätzung eines Wahlmodells und der sich daraus ergebenden marginalen Bewertung der einzelnen Tourmerkmale verwendet.

## DURCHFÜHRUNG DER UMFRAGE

Die Daten wurden mit Hilfe eines Fragebogens erhoben. Bei allen Fragen handelte es sich um Multiple-Choice-Fragen mit einer Reihe von vorgegebenen Antworten, zwischen denen der Befragte wählen konnte. Das Choice-Experiment wurde zunächst vorgestellt und die Attribute sowie die entsprechenden Stufen wurden wiederholt, bevor jeder Befragte mit den Auswahlmöglichkeiten konfrontiert wurde **(ABBILDUNG 1)**.

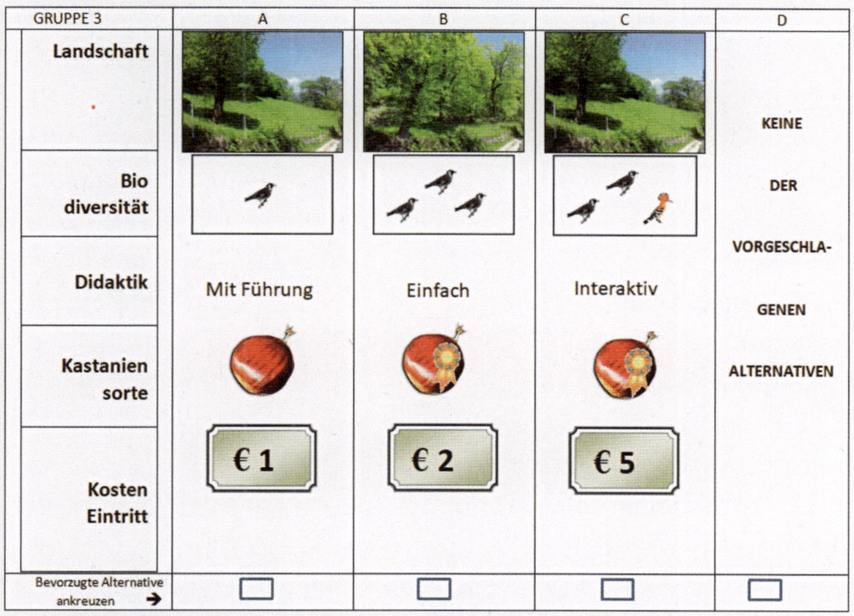


**ABBILDUNG 1** *Beispiel eines Auswahlsets.*

Zwischen Oktober und November und schließlich zwischen Mai und Juni wurden 245 bzw. 242 Fragebögen in persönlichen Gesprächen ausgefüllt. Um den Befragten die Interpretation der Symbole und Icons der Wahlaufgaben zu erleichtern, wurde zusätzlich eine Legende erstellt. Bei weiteren Verständnisschwierigkeiten stand der Interviewer für Hilfestellungen zur Verfügung.

Die Doppelbefragung wurde in den Städten Bozen, Meran und Brixen durchgeführt. In allen Orten und zu beiden Zeiten nahmen sowohl Einheimische als auch Touristen an der Umfrage teil. Die Umfrage wurde auf Italienisch und Deutsch durchgeführt. Die Befragten wurden beim Einkaufen auf der Straße angesprochen. Jedes Interview dauerte etwa 10 Minuten und den Befragten wurden keine finanziellen Anreize geboten.

## ERGEBNISSE: MERKMALE DER STICHPROBE

Die Erhebungsstichproben, eine für die Herbstsession und eine für die Frühjahrssession, wurden anhand von zwei Hauptschichten definiert, nämlich dem Wohnort – ob die Person in einem der Kastaniengebiete oder im Ausland lebt – und dem Geschlecht.

Die Stichproben sind in **Tabelle 2** beschrieben. Das Geschlecht ist in allen Gruppen ausgewogen und das Durchschnittsalter der Befragten liegt bei etwa 50 Jahren.

Auch der prozentuale Anteil der Touristen ist in allen drei Stichproben recht stabil, sodass Vergleiche zwischen Herbst und Frühjahr möglich sind.

Die meisten Touristen kommen aus Deutschland (65 %) und der Schweiz (25 %), nur 8 % aus dem übrigen Italien. Diese Prozentsätze sind recht ungewöhnlich für die jährlichen Tourismusströme in Südtirol, aber dennoch ziemlich repräsentativ für die Trends in der Nebensaison.

Die Italiener stellen die zweitwichtigste Touristengruppe dar (fast 35 % im Durchschnitt des Zeitraums 1991–2017), wobei sie sich vor allem im Winter (40 %) und im Sommer (57 %) konzentrieren. Im Mai und Oktober ist die Anwesenheit von Italienern geringer (12 % bzw. 11 %), während deutsche Touristen in beiden Monaten präsent sind (rund 70 %), wie ASTAT berichtet.

Kastanienwälder und Kastanienhaine sind den Befragten größtenteils unbekannt, wohingegen der Begriff Biodiversität vor allem in der Frühjahrsstichprobe ein Begriff ist. Der Anteil der Kastanienkonsumenten liegt im Durchschnitt bei etwas mehr als 50 % und der Anteil der Befragten, die mindestens einmal einen Kastanienweg gegangen sind, liegt bei etwa 40 %, im Herbst etwas höher.

In allen drei Gruppen gibt die Mehrheit der Befragten ein jährliches Haushaltseinkommen von mehr als 50.000 € an.

## **Tabelle 2:** Merkmale der Stichprobe

Ausgedrückt in Prozent, n=487 für die gesamte Stichprobe, n=254 für die Herbststichprobe und n=242 für die Frühjahrsstichprobe

| | | Gesamte Stichprobe (%) | Herbst (%) | Frühjahr (%) |
|---|---|---|---|---|
| Geschlecht | W | 53.4 | 48.2 | 53.7 |
| | M | 46.6 | 51.8 | 46.3 |
| Alter | | 49.6 | 49.4 | 50.3 |
| Familienmitglieder | | 2.96 | 3.01 | 2.96 |
| Wohnsitz: | Südtirol | 54.2 | 51.4 | 57.0 |
| | Außerhalb | 45.8 | 48.6 | 43.0 |
| Kentnisse: | Kastanienwälder | 22.2 | 24.1 | 18.2 |
| | Kastanienhaine | 8.6 | 6.1 | 10.7 |
| | Artenvielfalt | 45.4 | 33.5 | 53.7 |
| Konsumenten | | 54.8 | 50.6 | 56.2 |
| Nutzer des Kastanienweges | | 39.6 | 44.1 | 38.8 |
| Einkommen (€) | 0-10,000 | 5.1 | 5.3 | 4.1 |
| | 10,001-30,000 | 13.1 | 17.5 | 11.2 |
| | 30,001-50,000 | 31.0 | 30.2 | 30.9 |
| | >50,0001 | 40.0 | 33.9 | 45.0 |
| | Keine Antwort | 10.7 | 13.1 | 8.7 |

**DATENANALYSE**

Die Daten wurden mit der NLOGIT®-Software Version 4.0 analysiert. Zunächst wurde ein Multinomiales Logit-Modell (MNL) angewendet. MNL-Modelle werden häufig für explorative Analysen verwendet. Dennoch bieten sie eine gute erste Analyse, wenn zwei oder mehr Gruppen von Befragten verglichen werden.

Das Vorhandensein des Preisattributs ermöglicht es, einen Wert für die mittlere Zahlungsbereitschaft (ZB) für Attribute mit statistisch signifikanten Koeffizienten zu erhalten. Die MNL-Ergebnisse sind in **Tabelle 3** dargestellt.

Die höchste ZB wird durch die biologische Vielfalt einschließlich seltener Arten erzielt. Dies ist sowohl im Herbst als auch im Frühjahr zu beobachten. Die Befragten schätzen interaktive Informationen und noch mehr die Anwesenheit eines persönlichen Führers, allerdings im Herbst deutlich mehr als im Frühjahr. Ausgewählte Obstsorten werden dagegen im Frühjahr mehr geschätzt als im Herbst, während Landschaften mit höherer Baumdichte in allen drei Fällen eine generell geringe, wenn auch eine positive, ZB aufweisen. Die Unterschiede zwischen dem relativen Nutzen der Attribute der Einheimischen

## **Tabelle 3:** MNL-Ergebnisse und saisonale Unterschiede

| Gesamte Stichprobe | | Herbst | Frühjahr |
|---|---|---|---|
| | ZB (€) (€/tour) | ZB (€) (€/tour) | ZB (€) (€/tour) |
| Geschlossene Landschaftsstruktur | 1.44 | 1.38 | 1.29 |
| Vielfalt (nur gewöhnliche Arten) | -1.94 | -2.29 | -1.43 |
| Vielfalt (gewöhnliche und seltene Arten) | 4.69 | 4.66 | 4.88 |
| 3D Didaktische Unterstützung | 3.15 | 3.93 | 2.33 |
| Führer | 3.70 | 4.37 | 3.10 |
| Früchte - ausgewählte Sorten | 2.33 | 2.01 | 2.76 |

und der Touristen, die an unserer Umfrage teilgenommen haben, wurden ebenfalls analysiert (**Tabelle 4**). Alle geschätzten Parameter sind für die Befragten hoch signifikant, mit Ausnahme der Attribute Landschaft und biologische Vielfalt mit gewöhnlichen Arten für die Touristen. Eine Biodiversität mit seltenen Arten sticht unter den Präferenzen der Touristen hervor, ihre ZB ist deutlich höher als die der Einheimischen. Beide Ebenen der Didaktik sowie die Fruchtauswahl erzielen für Touristen ZB-Werte, die das Achtfache der von Einheimischen ausgedrückten ZB-Werte übersteigen.

## DISKUSSION UND SCHLUSSFOLGERUNGEN

Der Südtiroler Kastanienanbau ist aus wirtschaftlichen, strukturellen und ökologischen Gründen rückläufig. Die lokale Nachfrage nach Kastanien ist jedoch ein Zeichen für ein potenzielles Wachstum, auch wenn die Preise im Vergleich zu importierten Produkten höher sind. In diesem Szenario könnte die Multifunktionalität traditioneller Kastanienplantagen, also die Fähigkeit, neben den Früchten auch andere Vorteile und Dienstleistungen zu erbringen, eine neue und wichtige Strategie zur Wiederherstellung aufgege-

**Tabelle 4:** MNL-Ergebnisse nach der Herkunft der Befragten
Einheimische (N=264), Touristen

| | Einheimische | Touristen |
|---|---|---|
| | ZB (€) | ZB (€) |
| Geschlossene Landschaftsstruktur | 0.83 | / |
| Vielfalt (nur gewöhnliche Arten) | -1.73 | / |
| Vielfalt (gewöhnliche und seltene Arten) | 2.22 | 18.49 |
| 3D Didaktische Unterstützung | 1.23 | 12.04 |
| Führer | 1.68 | 14.31 |
| Früchte – ausgewählte Sorten | 0.91 | 12.81 |

bener Obstplantagen und zur Erhaltung der bestehenden aktiven und gut bewirtschafteten Plantagen darstellen. Bei der Umsetzung von Wiederherstellungsmaßnahmen sollten einige der in dieser Studie vorgeschlagenen Attribute in hohem Maße berücksichtigt werden; insbesondere sind die Befragten bereit, den höchsten Geldbetrag für ein hohes Maß an biologischer Vielfalt, zu der auch seltene Arten gehören, auszugeben.

**Studienergebnis:** Die Befragten sind bereit, den höchsten Geldbetrag für eine hohe biologische Vielfalt auszugeben.

Was das Landschaftsattribut betrifft, laut einer etwas tieferen Analyse der Daten, so misst die größte Gruppe der Befragten, nämlich 47 %, dichteren Beständen einen negativen Nutzen bei, während von den übrigen 53 % nur 24 % offene Bestände als wichtig einstufen. Andere Studien, die sich mit landschaftsästhetischen Präferenzen befassen, stützen diese Daten: halboffene, mit Bäumen durchsetzte Landschaften werden von der Gesellschaft bevorzugt. Eine geringere Baumdichte bedeutete eine Zunahme der Erholungsmöglichkeiten und der Landschaftsästhetik. Der ökonomische Aufwand, die Kastanienhaine oder Kastanienwälder so dicht zu halten, dass eine gewisse Kastanienproduktion gewährleistet ist, scheint von der Mehrheit der Befragten nicht erkannt zu werden, ebenso wenig wie die Entlastung und die Annehmlichkeit einer schattigen Umgebung.

Einerseits scheinen ausgewählte Früchte überraschenderweise nicht die am meisten geschätzte Dienstleistung zu sein, obwohl die Befragten bereit sind, im Herbst etwa 2 € und im Frühjahr etwas mehr (2,7 €) dafür zu bezahlen. Unterscheidet man hingegen zwischen Einheimischen und Touristen, so werden ausgewählte Kastaniensorten zu einem der wichtigsten Attribute bei der Wahl der Touristen, die eine hohe ZB für sie angeben. Das bedeutet, dass die einzige Versorgungsleistung im Allgemeinen unter den anderen Ökosystemleistungen hervorsticht, aber keine saisonale Verzerrung darstellt. Der Mangel an Wertschätzung bei der Betrachtung der Unterschiede zwischen Herbst und Frühjahr ist möglicherweise auf die tatsächliche Nichtverfügbarkeit eines solchen saisonalen Gutes in der übrigen Zeit des Jahres zurückzuführen. Andere relevante Unterschiede zwischen Herbst und Frühjahr sind nicht zu bemerken. Eine höhere Vertrautheit mit der biologischen Vielfalt und ein höheres Einkommen zugunsten der Befragten im Frühjahr führen nicht zu signifikanten Unterschieden in ihrer ZB. Aus der Sicht des Entscheidungsträgers ist letzteres ein gutes Ergebnis, da jede Art von Wiederherstellungsmaßnahme, die zu einem öffentlich zugänglichen Kastanienwald führt, ganzjährig für die gesamte Gesellschaft von großem Interesse wäre. In Anbetracht der Tatsache, dass Kastanienfrüchte die jahreszeitlichen Präferenzen nicht zu beeinträchtigen scheinen, könnte es jedoch sein, dass die Unterschiede zwischen Sommer und Winter viel signifikanter sind als zwischen Frühling und Herbst. Die ästhetische Schönheit der Blütezeit von Kastanienbäumen und anderen Arten im Frühling kompensiert wahrscheinlich die mangelnde Verfügbarkeit von Kastanienfrüchten, sodass die gesamte gute Jahreszeit gleichermaßen geschätzt wird. Was den Tourismus betrifft, so lässt sich anhand der Stichprobe feststellen, dass die Mehrheit der ausländischen Befragten aus reicheren Ländern als Italien (Deutschland oder Schweiz) stammt, sodass ihre Zahlungsbereitschaft aufgrund objektiv höherer wirtschaftlicher Ressourcen viel höher ist als die der Einheimischen. Dies könnte auch mit einer Überschätzung der öffentlichen Präferenzen einhergehen, da das Verhalten von Touristen im Urlaub wahrscheinlich nicht ihrem Verhalten im Alltag entspricht. Entscheidungsträger müssen jedoch bedenken, dass sich die realen Tourismusströme während der Hochsaison ändern, wenn Touristen mit geringerer Kaufkraft überwiegen könnten.

Wenn sich das Land in Privatbesitz befindet, wie im Fall der Kastanienwälder, werden die Bewirtschaftungsentscheidungen letztlich von den Landwirten selbst getroffen. Die Landwirte sind gezwungen, ihre Flächen aufgrund der natürlichen Herausforderungen und der steigenden Produktionskosten wirtschaftlich effizient zu bewirtschaften. An diesem Punkt taucht die Sorge um Dienstleistungskonflikte auf, d. h. die Erhöhung der Bereitstellung eines (privaten) Gutes kann die Produktion eines anderen (öffentlichen) Gutes verringern. Daher ist es von entscheidender Bedeutung, dass die Gesellschaft den gesamten wirtschaftlichen Wert eines solch anspruchsvollen Ökosystems anerkennt, einschließlich des Nichtnutzungswerts, um die Landwirte für die Bereitstellung von mehr Leistungen zu belohnen.

*„Damit die Kastanienhaine noch attraktiver werden, könnte man verschiedene Plätze schaffen, die zum Verweilen einladen. Auch für besondere Events würden sie sich anbieten."*

*Andreas Lamprecht*
*Kastanienverein Jenesien*

## Verzeichnis der ältesten, unter Landschaftsschutz stehenden Kastanienbäume in Südtirol

Quelle: Report NSO_GESETZR „Schutzgebiete mit Rechtsgrundlagen" vom 10.03.2022, Autonome Provinz Bozen, Abteilung 28.

| Gemeinde | Baum |
|---|---|
| Aldein | Edelkastanie beim Zollerhof |
| Aldein | Edelkastanie beim Lindhof |
| Algund | Zwei Edelkastanien, Oberlechner Hof – Vellau |
| Algund | Kastanienhain Schlosspichl |
| Barbian | Kastanienhain Gschnoan |
| Brixen | Edelkastanie beim Bodnerhof (Sarns) |
| Brixen | Edelkastanie in Sarns |
| Brixen | Edelkastanie unterhalb des Gebreitnerhofes (Karnol) |
| Eppan a.d.W. | Edelkastanie beim Tratterhof |
| Feldthurns | Zwei Kastanienbäume bei der St. Anton Kapelle |
| Feldthurns | Kastanienbaum beim St. Laurentius Kirchlein |
| Feldthurns | Kastanienbaum in der Wehr |
| Freienfeld | Zwei Edelkastanien |
| Gais | Edelkastanie beim Köfelehof |
| Kaltern a.d.W. | Drei Kastanien im Fuscalaital |
| Kaltern a.d.W. | Drei Kastanien im Kleinen Steintal |
| Karneid | 1000-jähriger Kastanienbaum in Karneid |
| Kastelruth | Kastanienbaum bei Tisens |
| Kiens | Kastanienbaum beim Kastoler Hof |

| Gemeinde | Baum |
|---|---|
| Kiens | Kastanienbaum beim Brandholzer Hof |
| Klausen | Edelkastanie beim Pedrutscherhof |
| Klausen | Zwei Edelkastanien beim Moar zu Viersch |
| Klausen | Edelkastanie beim Moar in Ums |
| Klausen | Drei Edelkastanien bei Gufidaun |
| Lajen | Edelkastanie bei Lusenegg |
| Lajen | Edelkastanie beim Mair am Bach |
| Lajen | Edelkastanie beim Gasser |
| Lajen | Zwei Edelkastanien beim Unterbuchfelder |
| Lajen | Edelkastanie beim Vogelweider |
| Lajen | Edelkastanie beim Oberbuchfelder |
| Lajen | Edelkastanie beim Moser |
| Lajen | Edelkastanie beim Untertschutsch |
| Leifers | Drei Edelkastanien beim Tschuegghof |
| Montan | Kastanienhain Elsenhof |
| Naturns | Edelkastanie |
| Natz-Schabs | Kastanienhain Köstental |
| Partschins | Edelkastanie am Happichl-Hof – Rabland |
| Partschins | Edelkastanie am Oberweirach-Hof – Vertigen |
| Ratschings | Edelkastanie im Schloßhof Wolfsthurn |
| Ratschings | Edelkastanie beim Schoaterhof |
| Riffian | Edelkastanie |
| Ritten | Edelkastanie beim Walzerhof (Klobenstein) |
| Ritten | Edelkastanie beim Unterstieler/Ebenstieler (Unterinn) |
| Ritten | Edelkastanie beim Plattnerhof (Oberinn) |
| Ritten | Edelkastanie beim Partschunerhof (Signat) |

| Gemeinde | Baum |
|---|---|
| Ritten | Edelkastanie beim Maggnerhof |
| Schenna | Kastanienbaum |
| Schenna | Kastanienbaum |
| Schenna | Kastanienbaum |
| Schenna | Kastanienbaum |
| Schenna | Kastanienbaum |
| Schluderns | Eine Kastanie im Churburganger |
| St. Martin i.P. | Zwei Kastanienbäume |
| St. Pankraz | Kastanienbaum |
| St. Pankraz | Kastanienbaum |
| Tirol | Kastanienbaum – Fraktion Haslach |
| Tisens | Edelkastanie |
| Tisens | Edelkastanie |
| Vahrn | Kastanienhain in Vahrn |
| Vahrn | Edelkastanie unterhalb des Bartgaishofes |
| Vahrn | Edelkastanie in Gatsch |
| Villanders | Edelkastanie bei St. Valentin |
| Villanders | Kastanienhain |
| Villnöß | Edelkastanie beim Brunnerhof (Naven) |

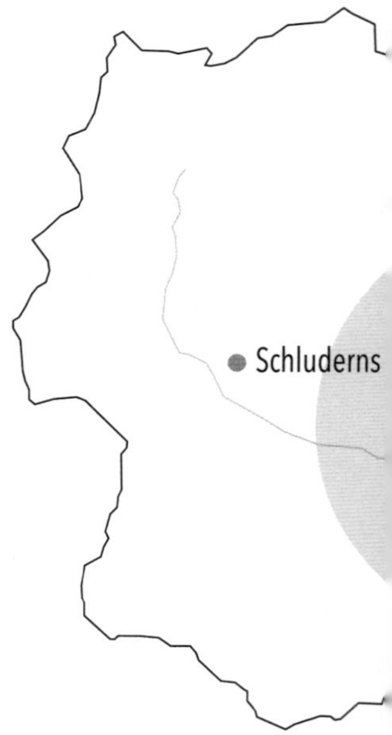

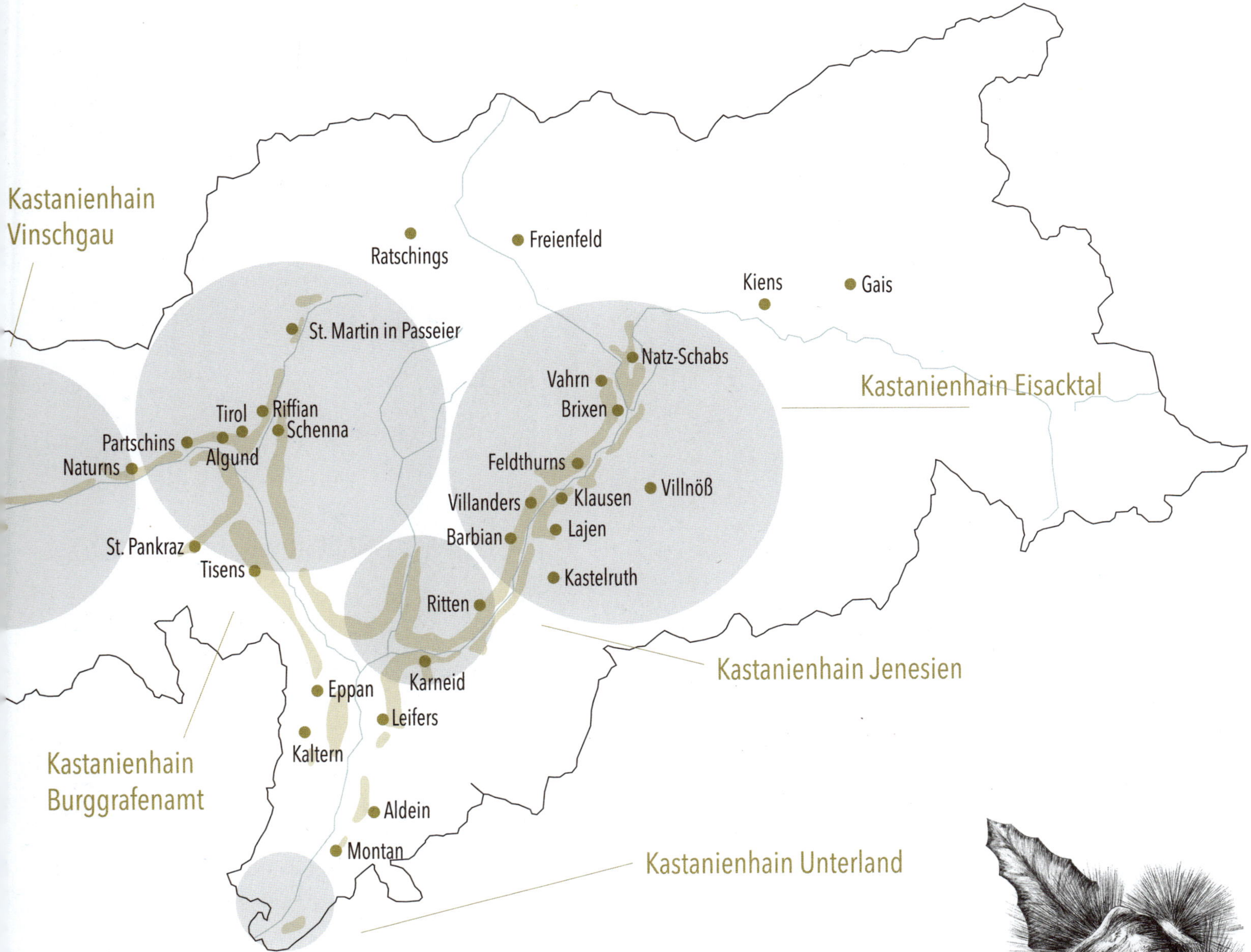


relevante Kastanienvorkommen in Südtirol
unter Landschaftsschutz stehende Kastanienbäume

Die Südtiroler
# Kastanienvereine

“

Zu den **Aufgaben der Südtiroler Kastanienvereiene** zählen die Pflege der Kastanienhaine, die damit erforderlichen Maßnahmen zur Erhaltung der seit Jahrhunderten gewachsenen Kastanientradition, die Aufwertung der von ihr geprägten Kulturlandschaft und die Förderung der kulturellen Tätigkeit. Das Beobachten von Pilz-Krankheiten und der Ausbreitung von tierischen Schädlingen, von Umwelteinflüssen und des Klimawandels gehören zu den Tätigkeiten.
Die Kastanienvereine sind Ratgeber und wichtige Bindeglieder zwischen Kastanienbauern, den Forschungseinrichtungen, der Politik und dem Verbraucher. Mit Fachvorträgen, Flurbegehungen und gesellschaftlichen Begegnungen wird versucht, alte Tradition mit neuem Geist harmonisch zu verbinden.

***Martin Mayr***

” *Kastanienverein Eisacktal*

“

Durch Edelkastanie-Sanierungen in Eigenregie, die Zurverfügungstellung von jungen Edelkastanie-Bäumchen, die Gewährung von Beiträgen für Sanierungen, die erhebliche Beteiligung an den Kosten für Schnittmaßen und zu guter Letzt durch Forschungsarbeiten der Laimburg (Wickler- und Pilzkrankheiten, Sortenprojekt und Lagerungstechniken) und der Universität Bozen durch die EURAC (Kastanienrindenkrebs-Studien) versucht das **Land Südtirol** seit geraumer Zeit den Edelkastanienanbau und die Bewirtschaftung zu verbessern.

***Max Gögele***

” *Kastanienverein Vinschgau*

“

Aufgabe der Kastanienvereine sollte unter anderem auch sein, eine Art **Vermarktungshilfe** für Bauern zu finden, um Angebot und Nachfrage ins Gleichgewicht zu bringen.

***Johann Laimer***

” *Kastanienverein Kestnriggl, Burggrafenamt*

Alle Kastanienvereine und Anbieter der Südtiroler Edelkastanie finden sich unter www.edelkastanie.bz